滿載了最新的技術和構思
而大獲好評的甜點！

人氣名店の
新感覺創作甜點

越來越熟練！非常美味！

素材別、風味別的甜點

新感覺の創作甜點

份量十足！
花些心思變得更柔軟

所刊載菜單中的內容、價格、和名店的資訊等是以2007年10月當時為準。

水果、堅果系

巧克力、咖啡系

蛋、乳製品、冰品系

越來越熟練！
非常美味！

素材別、風味別的甜點

新感覺の創作甜點

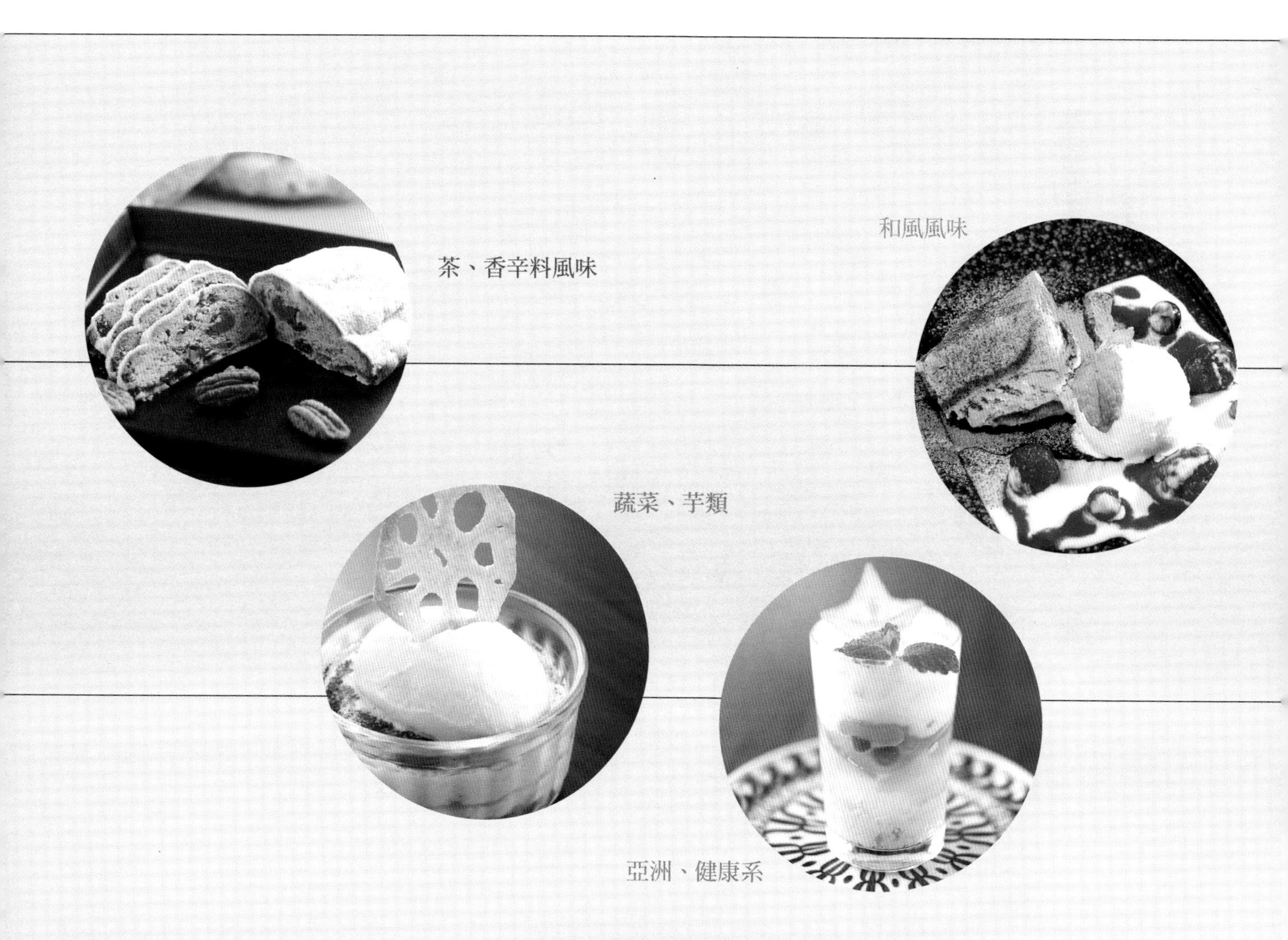

茶、香辛料風味

和風風味

蔬菜、芋類

亞洲、健康系

水果、堅果系

一邊突顯出果實的素材感，一邊以烘烤模具或千層派之做法、糖漬水果等多彩多姿的手法來提高魅力的就是新感覺的水果・堅果甜點。最初是介紹現今人氣最高的芒果、接著是無花果和水梨、柿子、栗子等強調季節感的多種甜點！

以整顆木瓜做為容器的奢華風糖漬水果

01

■ JIM THOMPSON'S Table Thailand

香茅糖漬
熱帶水果
點綴椰子冰淇淋

非常豪邁地使用整顆的木瓜做為容器，在其中還放入多種類的糖漬水果，點綴著椰子冰淇淋而成為奢華的甜品。在水果中也加入香茅所做成的糖漬水果，以突顯出香草的風味。其他還加入檸檬皮、柳橙皮做成清爽順口的風味。連做為容器的木瓜果肉也可以一起品嘗、令人雀躍的一品。

含有豐富的多酚之美人湯品

■ Antiaging Restaurant「麻布十八番」

黑色無花果和紅葡萄酒的南瓜麵疙瘩 搭配含小米和糙米的香草冰淇淋

喝一口即有紅葡萄酒高雅的芳香，以及濃稠甜酸的前菜湯品。以冷湯來提供。南瓜麵疙瘩有如韓國的「年糕」般是女性喜愛的QQ口感。邊把中央的冰淇淋挖開來，然後邊和麵疙瘩、糖漬無花果一起來享用湯品。紅葡萄酒、無花果等均含有豐富的多酚。

03

紅葡萄酒醃漬的水果色彩鮮豔且風味豐富

■ Bistro Verite　渋谷

優格水果冰糕 佐水果拼盤

把色澤鮮豔的醃漬水果鋪在盤子上，而且搭配了加鮮奶油的優格水果冰糕，做成了視覺的焦點。把葡萄、無花果等秋天的水果醃漬在煮沸的紅葡萄酒、柳橙汁、波特酒、茴香、肉桂等所做成的醃漬水果，因為口感新鮮又風味豐富，所以人氣頗高。

04

飄散杏仁芳香
之熱騰騰的油炸捲心酥

■ Suna

杏仁捲和馬斯卡波涅乳酪

以摩洛哥的油炸捲心酥為啟示所開發出來的點心。把揉進柳橙皮的芳香之油炸捲心酥沾上馬斯卡波涅乳酪的乳酪奶油來品嘗。油炸捲心酥是在春捲皮上鋪上一層杏仁粉和奶油、柳橙皮所做成的麵糰，再捲成雪茄的形狀之後油炸而成的。在有人點菜的時候才會立即下鍋油炸，以熱騰騰的狀態來提供，是以外表酥脆、裡面QQ柔軟的口感為其魅力。

以摩卡冰淇淋的微苦味
來突顯蒙布朗的風味

05

■ 炭烤Dining　団十郎　沖浜店

咖啡、摩卡、蒙布朗

把即溶咖啡粉做出的自製咖啡摩卡冰淇淋盛在盤上，從上面擠出加有鮮奶油的蒙布朗栗子泥，再點綴栗子來裝飾。技巧地使用現成品，加上漂亮的盛盤方式為魅力做成獨創的一品。把咖啡摩卡冰淇淋的微苦味和蒙布朗栗子泥的甘甜味充分地融合在一起，從大人到小孩廣受人們的喜愛。

06

以季節性水果搭配果凍
完成了色彩輝映的前菜料理

■ **Real Tokyo Dining WaZa** 銀座店

水果陶盅的前菜
和香檳冰沙

乍看之下好像是法國料理之前菜的水果甜點。把切成薄片的香瓜船倒鋪蓋在盤子上，裡面有大量的水果和以白葡萄酒和葡萄柚汁所做成的果凍。在切開的剖面下交互輝映出五彩的水果色澤。為了配合「陶盅＝前菜」而搭配了香檳冰沙也是十分有趣。

以濃稠的輕乳酪來突顯出西洋梨的口感

■ 東京 Barbari

西洋梨輕乳酪蛋糕

把芳香甘醇、柔軟口感的西洋梨做成糖漬蜜餞，然後搭配輕乳酪做成蛋糕甜點。西洋梨的滑潤順口的舌感和塔餅的酥脆口感非常搭配。在奶油乳酪中充分地混合輕乳酪而做成柔軟的克林姆狀，在西洋梨的口感尚未消失之下，裹上輕乳酪而品嚐。

08

滿溢的水果與「亞洲風」卡士達克林姆醬很相配

■ JIM THOMPSON'S Table Thailand

亞洲千層派點綴芒果冰

把多到滿溢而出的熱帶水果和椰果風味的卡士達克林姆醬一起夾在派皮內，看成是具有亞洲風味的千層派，令人印象深刻的一品。由於加入椰奶更使卡士達克林姆醬突顯出深邃的風味和甜味，和酸味的奇異果、草莓、莓類等非常相配，可分別突顯出各自的風味。點綴上芒果冰來提供。

09

■ POSITIVE DELI

王道冰淇淋

以大家熟知的水果雞尾酒搭配了玉米片的酥脆和冰涼的冰淇淋、柔軟的鮮奶油、甘甜的巧克力醬，組合成為正統風格的冰淇淋。對於以往的甜點迷而言，這就如同是夢幻一般的甜品。出乎意料並不太甜，令人想一口接一口地吃個不停。也有大家一起分享而品嚐的團體客人。

10

活用柿子的口感
做成新鮮的水果蜜餞

■ 銀座　SOBAKURA

糖煮柿子蜜餞

使用秋天當令的柿子。將濃厚的果肉風味和甘甜的糖漿相互融合一起，看似簡單卻是十分高雅的水果蜜餞。以白砂糖和水加以熬煮的柿子，雖然被糖漿的甘甜所包裹住，但卻仍殘留下柿子原本的美味和口感。而且還搭配了香草冰淇淋，更加提高柿子的新鮮感。在用餐之後是人氣頗高的甜點。

在栗子中加入巧克力、杏仁
對多采多姿的風味和甜味下工夫

11

■ 東京 Barbari

栗子塔

在酥脆的奶油麵糰上擺放栗子克林姆和宛如生巧克力一般口感之巧克力克林姆的栗子塔。塔皮是加了杏仁粉、蛋白糖霜所烘烤而成的，在芳香和鬆軟的口感上面下了一番功夫。另一方面巧克力克林姆是做成具有濃醇的甘甜味。搭配栗子克林姆，可品嘗多采多姿的風味和甜味。並點綴了自製爽口的柚子冰淇淋，可藉以調整全體的平衡感。

12

■ JIM THOMPSON'S Table Thailand

自製芒果輕乳酪蛋糕

把泰國產的芒果風味全面提引出來的輕乳酪蛋糕。在奶油乳酪中加入大量的芒果泥，混合到滑潤柔軟後擺放在蛋糕上面，盛上芒果切片，倒入以果醬和糖漿開火煮再加入明膠的芒果凍，然後製做出層次分明的三層，可分別品嘗到不同口感的芒果風味。

把健康的酪梨
變成冰涼又可愛的義式布丁！

■ 東京 Barbari

酪梨的義式布丁

所謂的卡達拉那就是布丁式的義大利冰淇淋。在這種冰當中加入非常健康且具有均衡的維他命、礦物質的酪梨使其搖身一變成為嶄新的甜點。先是以酪梨做為基底，加入蛋黃和白砂糖一起混合，再加蘋果汁混合，先烘烤一次使其入味，再冷卻凝固即完成。就 如同把焦糖卡士達加以冷凍般，使其具有其他甜點所沒有的濃醇後韻的個性出來。然後切成小立體方塊，放在調色盤上加以提供也是獨創的手法。

14

和亞馬遜的力量
「阿沙伊」成為絕妙的搭配

■ POSITIVE DELI

「阿沙伊」和香蕉

喝起來清爽又順口，和藍莓口味十分相似的「阿沙伊」的風味，是由香蕉中溫和的甜味所提引出來的。而「阿沙伊」是亞馬遜原產的椰科水果，含有比紅葡萄酒多30倍以上的多酚和鐵質、胺基酸、食物纖維等。又稱為「奇蹟的水果」。

以阿沙伊和蘋果
做成「營養飲品」

15

■ POSITIVE DELI

阿沙伊和蘋果冰沙

蘋果冰沙的口感十分滑潤，再搭配了阿沙伊，更加可以增添深邃的甜味和酸味，喝起來就好像介於新鮮的草莓和藍莓之間般複雜的甜酸味。雖然身為飲料，但是喝起來卻份量感十足，也是可期待美容效果的一品。連不喜歡甜味的人也OK。

16

以加有陳年葡萄酒醋的黑蜜和甜味食材巧妙地調合

■ Restaurant 59'Cinquante-Neuf

含有豐富水果的西洋式奶油餡蜜

除了寒天以外，還有芒果、哈密瓜等豐富的水果放在底層，把加鹽、胡椒風味的派皮和綠豌豆餡、牛蒡冰淇淋盛在上面。好像日式，又像西式的餡蜜。以寒天和牛蒡來表現出健康感，下面鋪的是椰子的法式甜餅，因此能品嘗到酥脆的口感。淋上另外提供加有陳年葡萄酒醋的黑蜜，變成帶有些微酸味的甜酸味。

把傳統的蒙布朗變成大人的法式薄餅

17

■ Torihime Orientalremix
池袋

蒙布朗克林姆的法式薄餅

將傳統的蒙布朗蛋糕重新組合，在法式薄餅上面重疊放上栗子泥成為法式薄餅風的一道甜點。法式薄餅和栗子泥在口中充分地混合而成為濕潤和柔軟的風味。還加入白蘭地做成適合大人的口味。在微甜的風味中，點綴了巧克力醬而統合成稍為帶有苦味。

■ 魅惑創作 Canon

柔軟的西洋梨
焦糖煮蜜餞
點綴冰涼的冰淇淋

以當令的水果做出適合秋天的甜點。使用芳香的焦糖煮西洋梨組合了加栗子泥做成的栗子冰淇淋，再以烘烤過的核桃來裝飾。把熱騰騰的西洋梨，和冰涼的冰淇淋盛在同一個盤子中，以一盤就可以享受不同的溫差，十分地有趣。在熬煮西洋梨時，加入西洋梨的利口酒而會變成更適合大人的口味。

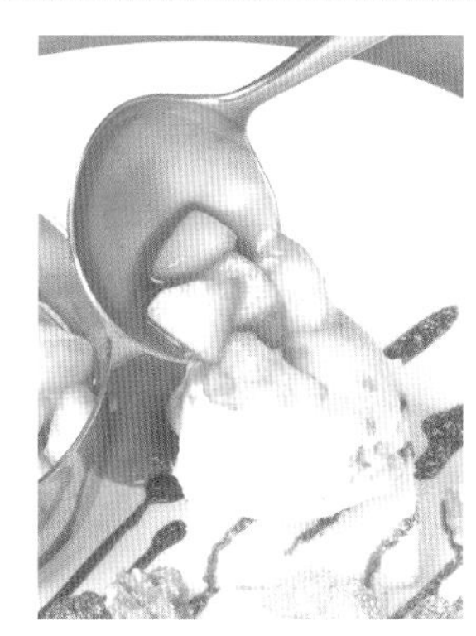

19

以玫瑰色糖漿的香氣來提升麝香葡萄的風味

■ Restaurant 59'Cinquante-Neuf

懸浮在玫瑰牛奶中的麝香葡萄果凍搭配湯圓綠豌豆

在以紅石榴糖漿做成淡粉紅色的玫瑰色糖漿中，加入湯圓和甜煮綠豌豆而做成和、洋的組合。其中是把爽口甘甜新鮮的麝香葡萄和麝香葡萄罐頭以及其糖漿一起用攪拌器混合做成果凍的一品。為了搭配麝香葡萄的和風素材而做成爽口的味道。做為午餐甜點人氣頗高。

■ **Le Chinoisclub　惠比寿 Garden Place**

椰子芒果雪泥

使用大量的芒果所做成含有豐富果肉的雪泥，另外還搭配椰奶和椰子冰淇淋，更加增添南國的風味。為了要活用芒果的口感先把新鮮的芒果果肉用手捏碎，然後和香草冰淇淋一起凝固，如此即可以品嘗到新鮮感。在控制全體的甜味之下，以突顯出素材原本的味道而變成百吃不膩的味道。

■ 黑豬和燒酒的店　Suki Zuki

充滿秋天味覺的果園
和田園之法式吐司
搭配日本栗子蒙布朗克林姆

大量地使用栗子和柿子、蘋果等當令的水果所做成的秋天甜點。先把法國吐司當做基底，塗抹上以日本栗做成的栗子克林姆，再漂亮地裝飾上切片的柿子和無花果、葡萄酒煮的蘋果即完成。麵包是使用以米粉做成而具有膨鬆口感的米麵包。其中一半是沾蛋液煎過的法式吐司，另一半是素炸後可以用來裝飾用，還可增加口感的變化。

以當令的水果做成果醬

■ SQUARE MEALS Minamoto

優格的甜點 點綴自製果醬

在一般的優格中，點綴了以當令的水果做成的自製果醬，可藉以增添季節感並提升其魅力。水果類就像照片中的草莓和奇異果、麝香葡萄和鳳梨般，因為考慮到甜味和酸味的平衡感而組合了二種種類，使其更加具有深邃的味道。在加熱的時候要煮到還殘留下顆粒感之程度，以突顯出手作的口感。

23

■ natural kitchen D'epice 關內店

栗子奶油泡芙

這是從甜點中的傳統泡芙所蛻變而成的，是以鮮奶油和卡士達克林姆醬2種的奶油加以變化而成，並費心地做成適合秋冬的味道。在鮮奶油中還加入具有香草香味的法國產香草利口酒「本尼地甜露酒」，配合原本即帶有澀味的栗子風味。這是一道可盡情品嘗栗子的優雅柔和之甜味的泡芙皮和風味的甜點。

■ natural kitchen D'epice 關內店

法國洋梨派點綴香草冰淇淋佐柳橙焦糖醬

在端上餐桌前的冰淇淋上面，才淋上熱騰騰的柳橙焦糖醬，在眼前立即能夠享受既驚訝又快感的甜點。以發出「哇！」而高興的女性顧客為居多。醬汁中又帶些少許的微苦味和柳橙的酸味，也更加凸顯了法國派和冰淇淋的甜味。美國核桃的酥脆口感也很討喜。

25

以裝在玻璃杯內 做成輕柔的雪泥風味

■ **Suna**

glass-glace 蒙布朗

以蒙布朗蛋糕為啟示，做出適合做為餐後的甜點。一般的蛋糕是使用海綿蛋糕，但在此卻因為改為烘烤的蛋白糖霜而變成輕柔的口感和風味。在冰涼的雪泥中揉進了甘露煮的栗子，再搭配加入藍姆酒和白蘭地的栗子克林姆，而做成冰涼的雪泥風味。以葡萄酒的品酒杯當做盛盤容器，以灑脫的外觀來加以提供。

26

柿子和紅蘿蔔 柔和的甜味與 「自然派」的蛋塔

■ **Antiaging Restaurant**
「麻布十八番」

柿子和巴黎式紅蘿蔔的 豆奶卡士達蛋塔 點綴蒲公英咖啡冰淇淋

乍看之下令人懷疑這是「？」的組合，但以糖漿醃漬的柿子和紅蘿蔔，有著和新鮮的狀態不同風味，和酥鬆的蛋塔皮和豆漿卡士達醬十分搭配。和原本的又甜而且脂肪分多的水果蛋塔相比的話，更加地清爽且更順口。以焙煎過的蒲公英根煮出的蒲公英咖啡所做的冰淇淋，對身體很溫和，連懷孕中的女性也很適合。

巧克力、咖啡系

把最令喜歡甜點的人受不了的巧克力甜點，以及適合大人苦味的咖啡甜點...做成冰淇淋風味，並在搭配的素材上下一些功夫做成輕柔的口感，然後產生出前所未有的美味。請各位品嘗具有感性的甜點。

27

以秋天味覺的蕈類
調和了巧克力和香辛料

Antiaging Restaurant「麻布十八番」

秋天味覺的巧克力半圓造型

在松露風味的香草冰淇淋和帶內膜煮的栗子上面，盛著半圓型的巧克力。從上面淋上蕈類醬汁，當全體溶化時細細品味的嶄新構想之甜點。因在蕈類中添加豆蔻和小荳蔻的風味，因此吃時不會有違和感。令人倍感豐盛的秋之甜點。

帶有日本酒香味的熱巧克力

28

■ 東京 Barbari

熱巧克力和優格冰淇淋

在巧克力麵糰的正中央，盛著含有巧克力鮮奶油的烤好的熱巧克力和蒙布朗風味自製的優格冰淇淋之甜點。在巧克力鮮奶油中加入適當的日本酒做為隱味，吃在口中時日本酒的風味會擴散開來，可品嘗到另一種風味。有人點菜時才去烘烤，又熱又甜的巧克力和冰涼且帶有酸味的優格冰淇淋，十分相配。

29

用餐過後也能輕易入口膨鬆的巧克力甜點

■ Suna

巧克力陶罐派和自製的香蕉冰淇淋

就算是餐後吃也沒有負擔，把傳統巧克力的食譜再多下一些功夫。加上義大利式蛋白糖霜，把生巧克力變得更加膨鬆而做成「巧克力陶罐派」，再點綴和巧克力十分相配，以香蕉所做成的自製香蕉冰淇淋。因為不需要烘烤也能夠迅速地做出而開發出來的巧克力陶罐派，可以搭配材料而無需烘烤，待冷卻凝固即可。

30

起司和巧克力
糖漬醬汁非常搭配

■ **JIM THOMPSON'S Table Thailand**

馬斯卡波涅乳酪
的軟糖巧克力
點綴糖漬柳橙生薑

混合了深濃味巧克力和甜味巧克力2種種類所做成的，是融合了微苦和甘甜口味的軟糖巧克力。把外側的麵糰剝開，從裡面會一起流出濃稠的巧克力和馬斯卡波涅乳酪，和糖漬柳橙生薑的醬汁十分地相配。在製作糖漬柳橙生薑的醬汁時，為了能使柳橙皮和生薑能夠變得更柔軟，從冷水開始煮沸再放入冰水冷卻的作業要反覆進行4次。

31

又酥鬆又冰涼的
新感覺之提拉米蘇

■ **東京 Barbari**

義式冰淇淋
提拉米蘇

所謂的義式冰淇淋是把發泡奶油加以冷凍所做成義大利式的代表性冰淇淋。然後採用此一做法，把提拉米蘇做成冰品感覺的一道甜點。為了使濃縮咖啡和蘭姆酒容易滲入基底的麵糰而混合蛋白糖霜，然後烘烤成為酥鬆狀。在克林姆中也加入蛋白糖霜，再倒入模型內放入冰箱冷卻。以酥鬆又冰涼的不可思議之口感而大獲好評。

32

■ Suna

濃縮咖啡的法式冰沙聖代

為了做成餐後的甜點而開發出來的，把用機器沖泡出濃醇的咖啡加以冷凍後而做成冰沙般，再和克林姆組合成為聖代。而克林姆如果只使用鮮奶油的話味道會太重，因此加入力可達乳酪會使其口感變得更加地輕柔膨鬆。雖然這兩者均是冰冷的食材，但是克林姆冷凍以後會凝固，因此當有人點菜時，才會交互重疊盛在玻璃杯內加以提供。

■ Bistro Verite 渋谷

裝滿堅果和巧克力鮮奶油的蛋塔和咖啡雪泥

裝滿了杏仁、榛果、核桃的巧克力鮮奶油蛋塔。堅果類是在以焦糖醃漬之前即花費時間所細心地炒出強烈的芳香味。咖啡雪泥是以發泡鮮奶油和義式蛋白糖霜做成具有正統的風味。以費時又費力所做出的手作之美味為其魅力。並且以水果的酸味來調整全體的平衡。

■ 黑豬和燒酒的店 Suki Zuki

生薑風味的生巧克力如雪見大福點綴天使的誘惑

活用生薑的風味把生巧克力和香草冰淇淋一起用求肥包起來的一品。在生巧克力中加入鮮奶油會變得更加柔軟，和香草冰淇淋、求肥的口感會更相配。接著為了要提高生巧克力和酒的搭配度而拌入燒酒以突顯其香味。至於燒酒是使用熟成類型，且具有如白蘭地一般芳香濃醇的類型。

35

■ Torihime Orientalremix　池袋

巧克力醬鍋

～搭配冰涼的水果和棉花糖～

把水果和棉花糖沾著加熱的巧克力醬來吃。以華麗的外觀和自己動手的趣味而大獲團體客之好評。水果是全部加以冷凍，然後沾熱騰騰的巧克力醬汁時，會因為溫度的差異而迅速裹上一層醬汁，連口感也會產生變化。菜單中還有追加的冰淇淋，淋在剩餘的醬汁上一起來吃。

蛋、乳製品、冰淇淋系

例如起司蛋糕、布丁、冰淇淋等都是餐廳甜點中不可缺少的項目。下面將介紹能令顧客驚豔並喜出望外的嶄新之冰淇淋，以及如何組合素材並漂亮地盛盤，重新把這些甜點展現出來的重點。

36

以蛋殼做為容器非常可愛！
具有濃醇風味的雞蛋布丁

■ 韓國串燒和鐵板廚房　Kenaly

「日本第一的柳橙蛋」的雞蛋布丁

使用據說具有比一般雞蛋維他命多出20倍之多的「柳橙蛋」而做出具有濃醇風味的雞蛋布丁。以蛋殼做為容器兼具嬉遊心為其魅力之一。在此還加入稱為「馬可利」的韓國酒做為隱味，以突顯個性。以濃醇的風味和可愛的外觀而深受女性顧客之好評而成為該店的招牌甜點。

高雅的法式牛奶布丁
是利用醬汁展現季節感

37

■ 黑豬和燒酒的店 Suki Zuki

阿波三盆糖的法式牛奶布丁佐核桃蜂蜜和甜栗的醬汁

以具有高雅甜味的三盆糖做成的法式牛奶布丁，搭配以蜂蜜做為基底的醬汁之一品。以雪白的色彩、柔軟的口感和輕盈的食感為特徵的法式牛奶布丁，並不需要改變其基底，而是以醬汁來展現出季節感。在醬汁中加入果實類是如照片中的秋天般使用栗子和核桃。至於其他的季節則是改變為當令的水果，技巧地展現出季節感。

38

以紅芋醋做成的冰品
對飲酒後的身體很溫和

■ 東京 Barbari

紅芋醋的冰品

在以健康素材蔚為熱門話題的現今，以「紅芋醋」做成淡粉紅色給人新感覺的冰品甜點。含有大量的紅芋醋之冰品，入口後在瞬間擴散出一股強烈的酸味，因此加入多一些的蛋黃來添加其柔和感。由於具有活性化肝臟功能之效果而受到飲酒後的顧客之喜愛，而深獲好評。

■ **Torihime Orientalremix**　池袋

添加焦糖慕斯的香草冰淇淋

食感很輕盈，即使是在用餐之後也能夠享用的慕斯系甜點。因為重視其膨鬆且入口即化的口感而開發出來的。在焦糖風味的慕斯內加上香草冰淇淋，該店還推薦把醬汁淋在溶解的冰淇淋上加以混合的吃法。這和只把醬汁淋在上面吃是不同的感覺，可以享受著眼睛看著冰淇淋和吃在口中的不同變化也是魅力之一。

■ 韓國串燒和鐵板廚房　Kenaly

濃稠的法式吐司
搭配椰子和鳳梨冰沙

運用該店原先具有的鐵板燒之模式，而以鐵板燒燒烤出法式吐司，再搭配椰子和鳳梨的冰沙之一品。把切成正方形的吐司，浸泡在大量的蛋汁中使其內部濃稠而且柔軟，再以鐵板燒確實地燒烤吐司的各表面直到金黃色，然後在表面灑上白砂糖，以噴槍烘烤到酥脆焦色為其重點。最後再淋上在韓國料理中時常會使用到的柚子蜜販售。

■ Torihime Orientalremix
池袋

柚子風味的
輕乳酪蛋糕

~搭配柚子冰沙~

在傳統甜點的輕乳酪蛋糕中，多下些功夫加入柚子的風味。為了要把柚子當做招牌，在蛋糕的克林姆和搭配的冰淇淋均帶有柚子的風味。在進餐之後，以柚子的芳香味做為結束而獲到好評不斷。就以韓國的柚子茶為基底的果醬來搭配克林姆起司吧。

42

為顧客特製他們喜愛的泡芙口味

■ Torihime Orientalremix
池袋

搭配彩色冰淇淋的泡芙

裡面為中空的泡芙皮和烘烤好的派皮，然後搭配喜好的克林姆和冰淇淋一起來吃。但並非由店家決定味道，而是由顧客快樂地尋找自己喜好的味道之做法，可推薦給團體客分享。克林姆備有卡士達和發泡奶油、冰淇淋則有抹茶和香草、黑穗醋栗等。另外搭配草莓醬。

43

活用乾羊乳酪的鹽份的新感覺甜點

■ Suna

西班牙的巴魯帝旺乳酪冰淇淋點綴蘋果凍

這是為了要配合乳酪冰淇淋而開發出來的一品。以西班牙出產的乾羊乳酪「巴魯帝旺乳酪」所做成的冰淇淋。巴魯帝旺乳酪是在乾羊乳酪當中最沒有腥味而且鹽份較多的種類，所以就把此一鹽份活用在味道上，接著再盛上以蘋果汁做成的果凍來緩和其獨特的腥味。

■ 魅惑創作　Canon

Canon的刨冰

把一般認為甜味的挫冰做成微酸味而變成大人的風味。把西印度櫻桃果汁冷凍做成挫冰，搭配香草冰淇淋和水果，加入糖漿在雪克杯中搖晃後在客人面前倒入。這是只有在餐廳酒吧中由調酒員現場調製出的雞尾酒。糖漿美麗的色彩是由木槿花茶為基底，再加入覆盆子和檸檬汁而變成爽口微酸的無酒精雞尾酒。

啤酒風味的冰淇淋中添加黑胡椒

■ 東京 Barbari

當地啤酒冰淇淋

以輕井澤當地人氣啤酒「yona yona淡色啤酒」，採用其啤酒風味做成嶄新的冰淇淋。無論外觀或風味均和啤酒相同。吃在口中小麥的味道能一口氣擴散開來，這是喜愛啤酒的人最對味的一品。完成時把黑胡椒灑在冰淇淋上面，更可突顯出啤酒的風味。因為稀奇少見成為話題而加以點選的顧客不少，並以奇特的味道而受人喜愛的甜點。

時令的白桃和微甜的牛奶布丁形成絕妙風味

■ 韓國串燒和鐵板廚房　Kenaly

彈性十足的牛奶布丁含有大量的果肉和桃子果凍

在牛奶中添加椰奶做成牛奶布丁。這是夏季限定的菜單，使用夏季時令的白桃，把清爽甜味的桃子的糖漿和果肉搭配牛奶布丁，再點綴上新鮮的藍莓。清爽順口的風味在用餐之後也很容易入口，這是在夏季的甜點食譜中人氣最高的一品。

46

■ 韓國串燒和鐵板廚房　Kenaly

（從照片左起）

朝鮮酒與覆盆子和草莓
及韓國辣椒、柑橘、白蘇葉、檸檬

把在韓國十分普遍的白蘇葉、朝鮮酒和韓國辣椒加入冰淇淋和水果冰沙中做成創新的甜點。加入朝鮮酒的覆盆子和草莓冰淇淋會帶有一些微微的朝鮮酒之味道是大人的口味。加韓國辣椒的柑橘冰淇淋會在後韻擴散出超級的嗆辣。如果是加白蘇葉的冰淇淋，口感會十分柔順。

■ natural kitchen D'epice 關內店

聖誕蠟燭甜點

這是以聖誕節大餐中的主要甜點所來提供的。是把女性顧客所喜愛的草莓、鮮奶油、法式薄餅、海綿蛋糕等甜點的要素加以集結起來，進而做成像蠟燭一般具有聖誕節豪華氣氛為其魅力。焦糖冰淇淋、抹茶醬、咖啡凍的苦味可以適度緩和草莓海綿蛋糕的甜度，進而維持全體的平衡。

■ 魅惑創作 Canon

冷凍乳酪蛋糕
搭配冰沙

把傳統高人氣的舒芙蕾類型的起司蛋糕，以冷凍後的狀態來加以提供，可品嘗到不同的口感。在混合麵糰的基料時大致混合到含入空氣即完成，如此在冷凍後也會含有空氣般膨鬆的口感。再搭配帶有酸味的水果醬，花些心思做成適合夏天的清爽口感。完成後以噴槍燒烤表面，以增添香氣。

■ Bistro　Verite　渋谷

柔軟的南瓜布丁
搭配大溪地產的香草冰淇淋

在濃醇又有彈性的南瓜布丁中，加入較多的香草豆莢做成自製的香草冰淇淋，再搭配糖煮蘋果蜜餞成為很有份量感的一品。在南瓜中加入牛奶、鮮奶油等一起開火煮到成泥狀，再加入全蛋、蛋黃、砂糖以烤箱烘烤。為了要烤成柔軟，在烘烤前先隔熱水慢慢加熱為要訣。

和風甜點

在現今的甜點世界中，陸續推出新口味的和果子。隨之在餐廳中的甜點也產生了各種具有創作性的和風甜點。在此介紹從單純的一品到日西合併，以及團體客能賞心悅目的視覺性甜點，一直到剛做出來的口感為魅力而聚集人氣的甜點。

51

目標為「黑色」的甜點。
鬆軟QQ的自製蕨餅

Torihime Orientalremix 池袋

鬆軟黑糖蕨菜餅

～搭配黑芝麻冰淇淋～

因為注重食材的顏色，而以「黑色」食材所開發出的和風甜點。以沖繩產的黑糖做出黑色的蕨餅再搭配黑芝麻冰淇淋，用來加深外觀上的衝擊力。蕨餅是使用本蕨餅粉來製作出的，雖然價格會較高，但是為了要強調鬆軟QQ的口感，就要花費較長的時間去搓揉，以便能做出入口即化的柔軟感。

魅惑創作 Canon

薄片麻糬的甜味涮涮鍋

在4~5人的聚會當中能夠盡情享受而開發出，以嬉遊好玩之心能自行烹煮的菜單。希望把蜜豆的食材一種一種地分開來看，從此一構想出發而把做為鍋的食材所使用的薄片麻糬、水果、冰淇淋、黑蜜、黃豆粉分別加以提供。把薄片麻糬放在桌上的鍋內加熱後，再沾上自己所喜好的食材調味後品嚐。

蕎麥粒的香脆之口感
令人喜悅

■ 銀座　SOBAKURA

蕎麥粒法式牛奶布丁

把蕎麥粒的濃郁香味和又甜又柔軟的法式牛奶布丁加以組合而成為了具有日式個性的一品。把磨碎的蕎麥粒蒸熟後還會殘留下QQ的口感，再加上牛奶、鮮奶油、白砂糖、明膠而做成法式牛奶布丁。因為具有健康感而成為深受女性顧客喜愛的高人氣甜點。

黑糖和黃豆粉風味的
和風焦味卡士達甜點

■ 魅惑創作　Canon

黑糖焦味卡士達甜點和黃豆粉冰淇淋

在活用黑糖風味的焦味卡士達甜點上，再點綴上黃豆粉的冰淇淋、黑蜜而特意做成和風形式。把表面的焦糖部分做成酥脆正是焦味卡士達甜點的一大魅力。為了能夠展示此一魅力，當有人點選時才在表面灑上砂糖再去烤焦，然後迅速冷卻凝固而提供，以訴求在餐廳內才能夠做出剛出爐的氛圍。

55

添加泡盛和黑糖燒酒 大人口味的蜜豆冰品

黑豬和燒酒的店　Suki Zuki

開心果湯圓和 有機紅豆餡添加 黑糖燒酒的香味

把各種的食材下功夫做成適合大人口味的蜜豆冰。將泡盛和加葡萄乾的「萊姆葡萄乾式」的冰淇淋搭配由開心果粉搓揉而成的湯圓，和牛奶寒天組合而成。在此又因為注重健康概念而加入黑豆以取代豆類，既具有飽足感又兼具口感。另外，也提供以同比例的黑糖燒酒和黑蜜所做成的糖漿。

56

以求肥的QQ口感 為魅力的冰涼「大福」

魅惑創作　Canon

黃豆粉冰淇淋大福

以口感柔軟的求肥（和果子的一種）包住黃豆粉冰淇淋，再淋上發泡奶油和黑蜜、糖粉的一品。以簡單卻擁有百吃不膩的美味而成為高人氣的暢銷菜色。發泡奶油約打發7分左右，以做為醬汁式來使用，更增加味道的深度和濃度。因為包好經過冷凍放置後會變硬，所以當有人點選時才當場現做。

57

魅惑創作　Canon

紅豆抹茶的和風提拉米蘇

以抹茶和黑蜜、紅豆餡做成和風式的提拉米蘇。因為黑蜜和紅豆餡的個性太強，如果使用太多的話就會蓋過提拉米蘇的風味，因此使用時要盡可能控制其使用的份量，才能做出具有馬斯卡波涅乳酪風味的主體，然後點綴上草莓系的水果和香草冰淇淋，從上面再淋上覆盆子醬和卡士達醬來提供。

58

以南高梅的醃梅做成清爽的風味

SQUARE MEALS Minamoto

南高梅輕乳酪蛋糕

以南高梅的醃梅做成味道與眾不同的和風式輕乳酪蛋糕。南高梅的醃梅比起一般的醃梅鹽分較少，是以甘甜和適度的酸味為特徵，將這個酸味，取代製作輕乳酪蛋糕時會加入的檸檬汁。入口時醃梅的香味會在口中擴散開來，因為是自然的酸味因此餘味也十分地爽口。再用南高梅、枸杞、柳橙皮來加以裝飾，使風味產生變化。

59

含有大量的抹茶黑蜜湯圓等日式食材的雪泥

Torihime Orientalremix　池袋

日式湯圓雪泥

以大量的抹茶冰淇淋、黑蜜、湯圓等日式食材所做成的雪泥。另外還搭配了玉米片和發泡奶油、糖漬水果等，而以團體客能夠一起分享的份量感獲得好評。為了轉換一下而搭配帶有鹽味的黑芝麻棒也是為其重點。

60

■ SQUARE MEALS Minamoto

豆奶黑糖布丁佐黑芝麻醬

以比牛奶更健康的豆奶為基底而作成具有柔和風味的布丁，為了要徹底追求健康感而以黑糖來取代砂糖。因為並不是使用蛋而是以加入明膠來冷凍凝固的類型，所以要控制明膠的份量，如此才能變成入口即化的口感。醬汁是以黑芝麻和蜂蜜組合成個性稍強的風味。首先吃布丁單品，之後淋上醬汁再度品嘗其不同的風味。

口中擴散開的梅酒風味做為餘味的爽口果凍

SQUARE MEALS Minamoto

八岐梅酒果凍

（在套餐中以甜點來提供）

把梅酒用明膠變柔軟凝固而成的果凍，這是做為在夏季套餐中壓軸的一品而開發出又冰涼又爽口的甜點。希望入口即化而以少量的明膠緩慢柔軟地來凝固。而為要保存梅酒原味，砂糖也要少一些。因為要使梅酒能在口中的餘味變更清爽，有梅酒的味道卻不可太濃，因此要嚴選爽口的梅酒為宜。

佐草莓果醬的冰涼「草莓大福」冰淇淋

魅惑創作 Canon

Canon式草莓大福

以求肥（和果子的一種）包著香草冰淇淋和餡料、草莓醬、草莓而成為冰涼的「草莓大福」。是以柔軟的口感和冰淇淋餡料的2種草莓的甜味和酸味複雜地融合在一起所形成百吃不膩的風味。再以覆盆子或草莓的紅色醬汁和巧克力醬汁的2種醬汁來加以裝飾，以提高視覺魅力。為了活用求肥的口感，當有人點菜時才會製作。

亞洲・健康系

現已成為高人氣又普遍的中華或亞洲圈的甜點。在此使用的素材中，或以健康為其魅力，或以藥膳食材而有益美容之甜點也不在少數，且將會在今後越來越受人注目的甜點。特別留意在把獨特的風味做成適合於東方人的味道上下功夫。

63

連中國媽媽也讚不絕口
高級藥膳的美肌甜點

■ Natural Chinese Restaurant ESSENCE

椰汁雪蛤膏

（「雪蛤」和白木耳的椰奶）

這是使用乾燥的青蛙之輸卵管，在中國是以高級的藥膳食材而聞名的雪蛤所做成的甜點。因為其美肌效果非常高，因此在中國是深受女性歡迎的食材。把醃糖漿的雪蛤和同樣是白色而且有助於美肌效果的糖漿煮白木耳一起用椰奶去蒸煮。因為雪蛤是黏稠的口感和木耳相同，因此可以一口吸入。

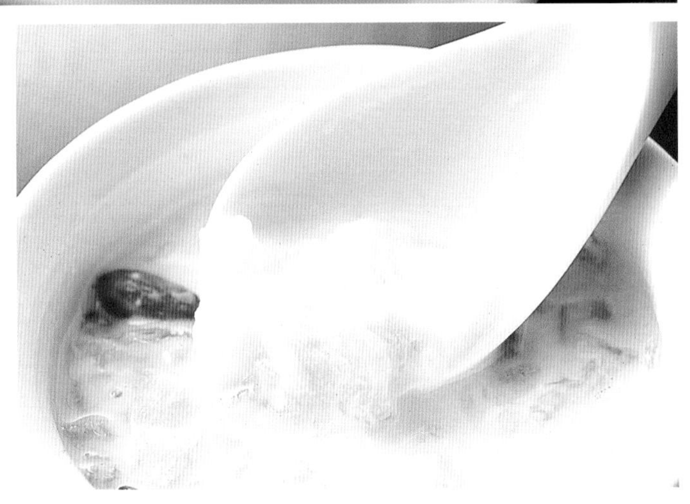

以豆花或鮮奶油展現柔軟的口感

■ VIETNAMESE CYCLO 六本木

豆花

把在越南或台灣等亞洲的代表性豆奶甜點的「豆花」以布丁般的感覺來品味的一品。在豆奶中加入脫脂奶粉和鮮奶油，再以明膠來凝固。將豆奶特有的大豆之溫和香味和鮮奶油的濃醇香味在口中加以融合，是以柔軟的口感而獲得女性的顧客歡迎。再從上面淋下的糖漿中，加入生薑來提味，做出又甜又爽口的風味出來。

越南的傳統濃醇布丁

■ VIETNAMESE CYCLO 六本木

鳳梨布丁
（越南布丁）

以微苦的焦糖醬和濃醇的卡士達醬、碎冰為其重點的傳統甜點。將全蛋、蛋黃、砂糖加以混合之後，再加入煉乳去蒸煮而成的。在此的煉乳之甜味是成為美味的要訣。最後加上碎冰以表現出冰涼的布丁。

66

色彩極鮮豔的水果之南國甜湯品

■ JIM THOMPSON'S Table Thailand

粉圓椰奶熱帶水果加荸薺

含有粉圓和色彩鮮艷的熱帶水果、荸薺等大量亞洲食材的椰奶的甜湯品。在椰奶中加入煉乳、鮮奶油、牛奶、砂糖藉以強調出南國風味的甜味和香味。以染成紅色的荸薺和豐富的熱帶水果的強烈色彩演出南國風情的氛圍。

加椰奶等豐富食材的亞洲什錦甜湯

■ Natural Chinese Restaurant ESSENCE

摩摩喳喳

（黑豆、紅豆、綠豆、紫米、紅米、芋頭、椰奶的什錦甜湯）

67

以黑豆和紅豆、紅米、芋頭等為基料的樸素風味之紅豆甜湯。在以煮軟變成泥狀的芋頭和椰奶為基底中，加入煮熟的豆類和五穀雜糧類，另外還加入油炸的芋頭和粉圓等的食材。其名是以馬來西亞的甜點為基底，菜單名為摩摩喳喳即是「亂七八糟」之意。還可期待排毒或抗老化之效果。

68

■ Natural Chinese Restaurant　ESSENCE

雪耳豆花

（在蒸熟的豆花中加入白木耳的熱甜點）

當有人點菜以後，才在自製的豆花中淋上溫熱且含有白木耳的糖漿之一品。在藥膳中普遍認為白色的食材皆具有美白效果，因此組合白色的豆花和白木耳而開發出此一甜點。豆花是不加糖，份量感十足而且入口即化。豆花滑潤的口感和煮到柔軟的白木耳之口感也很搭配。

69

具有如水羊羹般的
口感之黑米布丁

■ VIETNAMESE　CYCLO　六本木

黑米布丁

蒸熟的黑米以煉乳做成甜味布丁。黑米是以對流式烤箱蒸烤到還殘留下口感的柔軟度。把具有強烈甜味的煉乳和黑米加以融合後成為適當的甜度，再從上面淋上椰奶後來提供。無論外觀或口感均宛如水羊羹般，尤其黑米的健康感也是魅力之一。

■ VIETNAMESE CYCLO　六本木

加綠豆湯圓的越南甜湯

(熱甜湯)

除了可以在湯圓中加入微甜的綠豆餡之外，也可以再和帶有生薑風味的溫熱椰奶融合在一起做成微甜的熱甜湯。以椰奶粉、水、砂糖、露兜樹葉、生薑泥混合而成的溫熱越南式甜湯中，可以先放入包有綠豆餡的湯圓，再加入粉圓，使外觀更加美觀可口。

把中華高人氣的甜點
漂亮地盛盤以提高魅力

■ Natural Chinese Restaurant
ESSENCE

杏仁香芒布甸
（杏仁芒果布丁）

把中華二大高人氣的甜點~杏仁豆腐和芒果布丁搭配在一起就成為了奢華的一品。這是呼應想要兩者均能吃到之顧客的心聲所開發出來的甜點。雖然它的份量感十足，卻可以控制其甜度，即使在用餐之後享用也能夠清爽入口。杏仁豆腐和芒果布丁是各別以適當的明膠量來加以柔軟凝固，因此可以享受到柔軟溫和之口感。

72

五穀雜糧的純樸風味
和口感含有豐富
礦物質的紅豆湯

■ Le Chinoisclub
惠比寿　Garden Place

五穀紅豆湯

是以豆類和5種種類的五穀雜糧為主之樸素風味的湯品。食材有紅豆、綠豆、薏仁、黑米、糯米等。因為含有豐富的礦物質，所以具有補血和鎮靜神經之效果。把各種素材蒸煮到又柔軟又香Q的口感也是一大魅力。因控制其甜度，而能品味各素材之風味。可以依照喜好而選擇冷．熱品，照片中為冰品，加少量椰奶來提供。

具有美肌效果的龜苓膏
淋上糖漿後更容易入口

73

■ Le Chinoisclub 惠比寿 Garden Place

龜苓膏

這是香港或中國皆為高人氣之藥膳甜點。該店以龜的腹皮和漢方食材混合而成的粉，用水溶解後再加以冷凍凝固來提供。因為被認為可排除累積在體內多餘的熱量和毒素之效果，因而受到以對美肌擁有高度關心的中年婦女為主的青睞。為了抑制其獨特的腥味，而搭配混合酸桔榨汁和蜂蜜的糖漿，也可以依照自己的喜好而加入。

74

綜和藥膳食材
做成容易入口的甜湯

■ Natural Chinese Restaurant ESSENCE

什果美藥糖水

（含有藥膳食材的香港式甜湯）

將紅棗和龍眼、杏仁、枸杞等具有頗高的藥膳效果之食材來加以組合，而成為此健康的甜點。可以期待它具有美肌和抗老化，會使胃腸年輕化的效果。在這些蒸熟的食材中，和蒸汁一起加入糖漿煮的白木耳而做成甜湯式來提供。以糖漿的風味來統合全體，做成容易入口的甜點。無論是冷・熱品均儘可能提供。

75

以「喝飲料」的感覺
品嘗「什錦」的彩色食材

■ VIETNAMESE CYCLO 六本木

什錦越南甜湯

(冰涼的湯圓)

把在越南甜點中所不可缺少的越南湯圓盛在容器內，然後再美美地依照順序把綠豆餡、葛粉條、水果、彩色粉圓、湯圓等加以盛盤而令人感到美不勝收，再倒入2種種類的醬汁而形成白色和透明的2層。以具有QQ口感的食材和醬汁融合在一起成為「吃的飲料」而大獲好評。

低卡洛里的天然甜料
以羅漢果呈現出自然的甜味

76

Natural Chinese Restaurant ESSENCE

豆汁羅漢果凍

（在豆奶中加入羅漢果風味柔軟的寒天）

使用比砂糖多好幾百倍甜味之低卡洛里的羅漢果所做成的健康甜點。因為具有滋潤身體之效果，因而配合擔心乾燥的秋天而開發出的甜點。把煮好的羅漢果以寒天凝固之後，淋上含有豆奶的糖漿。把寒天的量控制到快要凝固之程度，而且設法做出柔軟之口感。羅漢果的甜味因為個體的差異而會有所不同，因此要以糖漿的甜度來加以調節。

蔬菜、芋類

如同在餐廳內「蔬菜料理」的人氣正在逐漸提升中，現今的顧客對於蔬菜的美味也抱持著高度的關心。其中，在甜點中，對於研究使用新的蔬菜之各種菜單也日益激增當中。下面將介紹以南瓜或蕃薯等的傳統人氣之食材做出令人驚訝：「這也是蔬菜嗎？」的甜點。

77

把素材原本的味道 和冰品的甜味做巧妙的結合

■ Antiaging Restaurant 「麻布十八番」

自製蔬菜冰品3種

（柚子和羅勒冰沙、牛蒡冰沙、無花果冰沙）

無花果的冰沙的口感就像葡萄酒一般的溫柔香醇。柚子和羅勒的冰沙是羅勒的香味在口中會擴散出來，清爽順口到想要吃多少就可以吃多少。牛蒡冰沙是在能感受到牛蒡所具有的土味之下，卻還能夠做成冰品。是每一種都想吃一口，充滿活力的冰品。

■銀座　SOBAKURA

綠紫蘇葉果凍

在把綠紫蘇葉、白葡萄酒、柳橙、檸檬煮沸後加明膠做成的果凍中，加入水果的甜點。因此綠紫蘇葉的清爽風味會在口中擴散開來而形成爽口的風味。以白葡萄酒呈現出柔和感為其要訣。其中，還加入當令水果做成季節性的甜點。秋天則加入糖煮柿子，可以在清爽中提升甜味。

79

「外熱內冷」深受孩子們的喜愛
鳴門金時的蕃薯冰淇淋

■ 炭烤　Dining　団十郎 沖浜店

包栗子冰淇淋的蕃薯

以德島所盛產的蕃薯「鳴門金時」來製作以自製蕃薯包著市售的栗子冰淇淋。把栗子冰淇淋放在冷凍庫內冷凍，用剛擠出的蕃薯泥包著栗子冰淇淋後再去冷凍。當有人點菜的時後，才會放入烤箱加熱後提供。因為可以品嘗到溫熱的蕃薯和冰涼的栗子冰淇淋之差異性而深受到孩子們的喜愛。

■ Real Tokyo Dining Waza　銀座店

蕪菁慕斯

（每天輪換的甜點）

獨創性地把常在沙拉中做為配色之用的蕪菁，加在慕斯中而變成可愛的淡粉紅色甜點。先把蕪菁放入果汁機中打成粗一些再混合鮮奶油、蛋白糖霜，設法使蕪菁的口感和風味能夠擴散開來。另外還搭配了加蜂蜜之優格，再淋上卡士達醬可以品嘗3種不同的味道。

■ Real Tokyo Dining Waza 銀座店

馬鈴薯和菠菜的提拉米蘇

（每天輪換的甜點）

可以在克林姆中加入馬鈴薯、在磅蛋糕中加入菠菜，而各自做成提拉米蘇般一層層地來加以提供。以帶皮的馬鈴薯煮熟搗粗一些以後再和克林姆混合是為其重點，不僅可以保留馬鈴薯的味道和口感，也可以控制甜度而做成清爽的風味。在用餐之後也能夠清爽地入口，而深受女性顧客的好評。

可凸顯金時蕃薯的甜味
2種秋天色彩的甜點

82

■ Restaurant 59' Cinquante-Neuf

塗巧克力的金時蕃薯和千層派式的2種漂亮盛盤

把秋天當令的「金時蕃薯」做成巧克力、千層派式2種不同風味的甜點而且漂亮地盛盤在一起，可以呈現出秋天之色彩。「塗巧克力的金時蕃薯」是利用巧克力來裹住金時蕃薯以引出金時蕃薯的甜味。「千層派式」是把過濾擠壓的金時蕃薯和克林姆混合之後，加入栗子利口酒可以藉此提引出栗子的風味。

83

以秋天的味覺
與藥膳食材
來使身體溫和的甜湯

■ 韓國串燒和鐵板廚房　Kenaly

南瓜和湯圓的韓式冷甜湯

使用對於身體溫和的黑豆、松子、枸杞等藥膳系的食材所做成的甜點。其他還加入栗子和葡萄乾，以增加其口感。把南瓜搗成泥狀之後，再加入牛奶和椰奶所混合而成的甜湯，既不會太甜又很爽口。因為這是限定在秋天才會提供的甜點，因此以秋天的味覺和體貼身體而贏得高人氣。

■ 黑豬和燒酒的店 Suki Zuki

冬天的農園蔬菜千層派巧克力餅

想像從秋天到冬天所豐收的菜園內，使用大量的蔬菜所做成的一道甜點。把冬天當令的根菜類之南瓜、芋頭、紫色蕃薯等，搗碎後揉進克林姆中而成為蔬菜克林姆，再夾入自製的巧克力餅中，以千層派狀來提供，並且以蜜煮牛蒡來裝飾。為了要控制全體的甜度，而使用有機糖和蜂蜜，可以藉以提引出蔬菜的風味。

85

簡單地做出熱騰騰的秋天之味覺

■ SQUARE MEALS Minamoto

蕃薯

這是以適合做為秋天的套餐而開發出，使用當令的蕃薯做成的甜點。把蕃薯事先烘烤過，有人點菜時才去加熱做成能感受到剛出爐之感覺，且香味四溢的溫熱狀態來提供。為活用蕃薯的原本之風味而要控制其甜度，同時也能品嘗到肉桂的芳香味。蕃薯是在事前先以烤箱烘烤到表面出現美麗的焦色後，再來加熱。

■ SQUARE MEALS Minamoto

加湯圓的南瓜牛奶甜湯

從秋天到冬天以來，考慮到有益身體健康而開發出來的，以南瓜為主的熱甜湯。把南瓜煮熟搗成泥狀後，當做基底來使用。但湯汁較少，把全體以「吃」為形象的甜湯。做為材料的番薯是以殘留下口感而加入的，以突顯其存在感。為提引出南瓜的甜味和素材的原味，三溫糖的量要少加一些。

茶・香辛料的風味

在飄散出茶的香氣之蛋糕或冰淇淋的清涼感，或添加肉桂或香草、香辛料的甜點，添加的不只是甜味還加入刺激性或有個性的茶或香辛料的甜點，如此即可徹底地改變風味，訴求正統的大人風味且可展望未來的冰品。

natural kitchen D'epice　關內店

生薑風味的德國水果乾麵包

德國水果乾麵包是德國代表性的聖誕節糕點，也是在聖誕大餐中最後所提供的甜點。它原本是使用大量的肉桂等的香辛料為特徵所製做出的，但在此是以生薑粉來添加辣味。在含有杏仁濃醇香味的麵糰中，再添加了水果乾的風味和蘭姆酒之香味。吃了之後身體會變溫暖。

88

■ Torihime Orientalremix
池袋

茉莉花茶的戚風蛋糕

雖然很有份量感，但卻具有膨鬆的口感，因此在餐後提供容易入口的戚風蛋糕。因茉莉花茶的香味變得更爽口輕柔成為適合女性的風味。由於茉莉花茶比一般的紅茶等更不易萃取出香味，因此採用萃取液和茶葉的2種，入口後即會散放出茉莉花香。同時為控制甜度，而搭配了打發起泡的奶油和冰淇淋。

89

在果凍和冰淇淋中
加入烏龍茶做的冰沙

■ Le Chinois club
惠比寿 Garden Place

烏龍茶冰品

將烏龍茶的果凍和冰淇淋組合起來而做成烏龍茶冰品。烏龍茶是以瘦身效果而聞名的，並且是以其獨特的清香味而大獲好評。果凍是將烏龍茶直接凝固而成的，和加入牛奶就變成錫蘭式奶茶的2種類，令人百吃不膩。就連頂飾也意識到健康概念，而採用無花果和李子等。

提升甜點之美味！「醬汁、果醬、克林姆」的做法

Ⅰ 使用蔬菜的醬汁、果醬、克林姆 基礎和要訣

■東京·自由之丘『LOBROS』 大廚 坂井謙介 先生

Ⅱ 使用日式素材變成嶄新的口感和獨創的味道

■神奈川·橫浜『關內本店 月』 主廚 下村邦和 先生

使用蔬菜的醬汁、果醬、克林姆

基礎和要訣

現今蔬菜甜點的人氣逐漸升高，醬汁、果醬、克林姆中要技巧地引出蔬菜的魅力為要。下面介紹從基礎的做法到以糖煮蔬菜而展開的創新風味。

大人味道的南瓜克林姆

南瓜慕斯、椰奶克林姆和酸桔果醬

在以南瓜的風味和清爽的口感為魅力的慕斯中，加入椰奶克林姆和酸桔的香味，其清涼感成為異國風的口味。為了控制南瓜慕斯中的砂糖份量，而加入義大利甜露酒，藉以強調素材原本的香味為重點。並點綴油炸的鹹南瓜皮，和油炸的甜萊姆片成為視覺焦點。

試做·調理指導

LOBROS 大廚 坂井謙介先生

身為LOBROS（株）共同創業者·執行製作人，並運用在著名的飯店、餐廳和日式餐廳等經驗，在1997年加入東京·代代木上原『西方公園』之創店。除了自由之丘『LOBROS』之外，還經營吉祥寺『NIGIRO CAFE』（現在已改名為『LOBROS CAFE』）、麵包坊等數家人氣名店。以「tasty,healty,happy」為概念，在餐飲界捲起一股新風潮而展開多數的企業版圖。

椰奶克林姆

在食譜中是以多加一些鮮奶油可以緩和椰奶獨特的異味，另一方面是以利口酒來突顯其風味。不僅提高南瓜的風味而且也比較容易入口的克林姆。

●材料
鮮奶油…100g
椰奶…40cc
白砂糖…10g
椰子利口酒…少許

●做法
① 在鮮奶油中加入白砂糖打發到約8分起泡後，加入椰子利口酒大致混合。
② 邊一點點地加入椰子利口酒邊調整，直到想要的味道為止。

酸桔果醬

為了使果醬能和其他的克林姆融合在一起，而在能柔軟凝固之明膠量上下功夫。為保留酸桔的清爽和酸味，而調整砂糖的分量。

●材料
水…500cc　白砂糖…25g
板狀明膠…8g（薄片狀2g×4片）
酸桔…1/2個（磨成泥的果皮和果汁）
酸桔…45cc

●做法
在鍋內加水和白砂糖、泡軟的明膠，以小火來煮溶，加入剩下的材料後離火，散熱後放入冰箱冷卻凝固。

南瓜克林姆

蔬菜克林姆是以引出素材的原味為重點。在食譜中要盡量控制砂糖的份量，而做為引出南瓜的甜味和香味的媒介是使用和南瓜十分相配的義大利甜露酒。

●材料
南瓜…1/8個
牛奶…45cc
白砂糖…15g
鮮奶油
（以和南瓜相同比例的分量為基準）
義大利甜露酒…適量
鹽…1小撮

●做法
① 將南瓜去皮切成薄片，鋪排在盤上，以保鮮膜緊密封住後放入微波爐中，一直加熱到裡面變軟了，再趁熱擠壓過濾成泥狀。

以微波爐加熱不到1分鐘
連裡面都可變軟

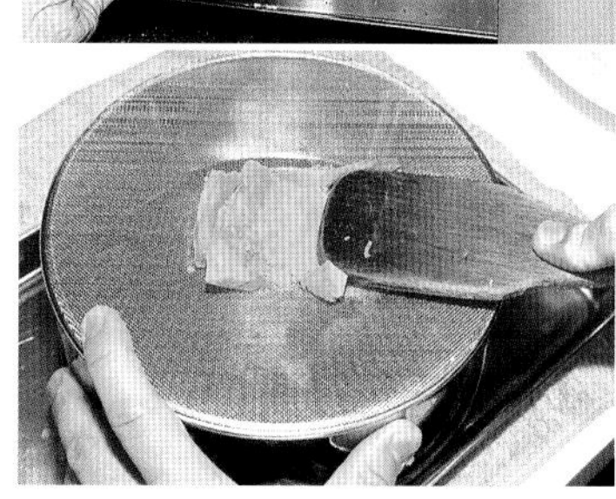

② 在牛奶中加入① 混合做成泥狀，再加白砂糖攪拌均勻。
③ 把打發約8分起泡的鮮奶油加入②中再大致地混合。添加鮮奶油的分量是和南瓜相同的分量或稍少量為基準。並且以此程度斟酌來調整口感之柔軟度。

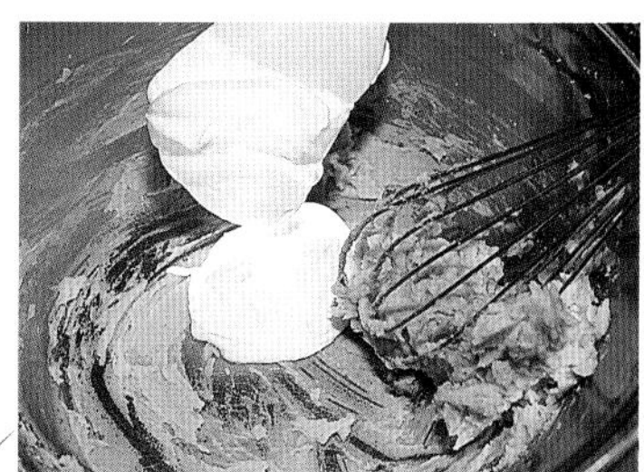

以鮮奶油的分量來調整口感
改以橡皮刮刀大致混合

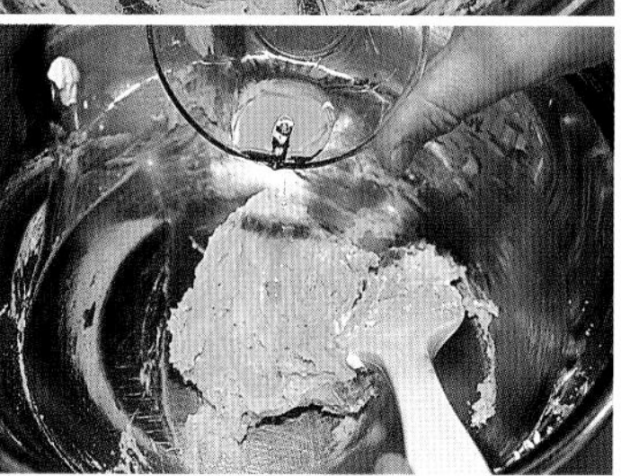

④ 一點點地加入義大利甜露酒邊混合，邊嘗味道，調整到最能引出南瓜香味的最適當之分量。最後再加入1小撮鹽來緊縮味道。

斟酌義大利甜露酒的分量
以引出南瓜原本的香味

以糖煮蔬菜成為醬汁、果醬

糖煮小蕃茄和菊苣

以入口即化的絕妙口感做成能品嘗蔬菜風味的糖煮小蕃茄。以爽口的糖煮風味和糖漿來製作蔬菜醬汁，以彌補水分多的醬汁之味道，然後混合馬斯卡波涅乳酪和紅葡萄酒醬。紅葡萄酒醬是做成看似薄餅而添加糖煮菊苣的煮汁而做成的。這是確實做到具有甜味的甜點，無論外表或味道均令人感覺到蔬菜的魅力之一品。

糖煮小蕃茄

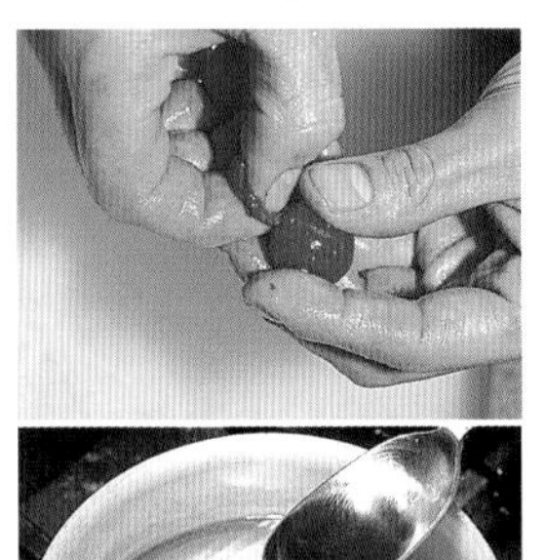

●做法

① 小蕃茄先使用熱水川燙後再剝皮。
② 在鍋內加水、砂糖以後開始加熱，把砂糖煮溶到沸騰，再加入紅葡萄酒。
③ 在②沸騰後加入①的小蕃茄同時熄火，以餘熱慢慢地使蕃茄熟透，讓糖漿的甜味滲入其中，做成像葡萄一般的口感為最佳。

●材料

小蕃茄…5~6個
水…180cc
白砂糖…70g
紅葡萄酒…1大匙

如果把糖煮小蕃茄直接熬煮成泥狀，或和其他素材混合成為醬汁，會喪失其味道且顏色也不太漂亮，在此一食譜中是把小蕃茄加熱到絕妙的軟硬度，把還殘留下形狀且又甜又新鮮的小蕃茄和糖煮的醬汁一起以喝湯的感覺來品嘗。入口後，甘甜的蕃茄風味巧妙地擴散開來，這正是嶄新感覺的味道。盡量避免做好後放置，請當場製作為宜。

熄火後才加入番茄
目標是做成如「葡萄的口感」

馬斯卡波涅乳酪克林姆

為了維持和水分多的糖煮蕃茄之平衡，製作出具有適當酸味和濃稠程度之馬斯卡波涅乳酪克林姆，因此不像在製作提拉米蘇一般的加入蛋，而是以加入少量的鮮奶油之後的口感變得輕柔和蕃茄、果醬的口感取得平衡。並不是做成正常的克林姆狀，而是在某程度還保留下乳酪的口感。

●材料

馬斯卡波涅乳酪…100g
鮮奶油…10cc
白砂糖…15g

●做法

把鮮奶油稍為打發起泡以後，再加入白砂糖和馬斯卡波涅乳酪一起混合。當乳酪柔軟到某一個程度之後再混合全體即完成。

糖煮菊苣

菊苣是以微苦味和嚼感為特徵，但是因為生菊苣的青澀味和苦味太強，因此加紅葡萄酒煮到還留下芯之程度，以追求「可做為甜點之焦點的苦味」為其目標之重點。

●材料

紅葡萄酒…500cc
菊苣…把2支切成1/4
白砂糖…30~50g
莚荽籽…5~6粒

●做法

① 在鍋內加入紅葡萄酒、砂糖、莚荽粒開火煮，沸騰後加入菊苣。
② 沸騰以後以廚房用紙做為落蓋，用小火熬煮，大約煮10分鐘熄火後冷卻，以能留下芯之程度為基準。

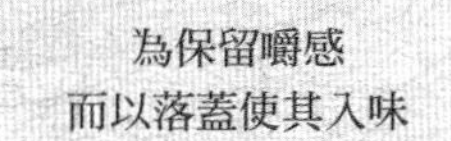

為保留嚼感
而以落蓋使其入味

紅葡萄酒果醬

●材料

糖煮菊苣的煮汁…500cc
板狀明膠…8g（薄片2g×4片）

●做法

將糖煮菊苣的剩餘煮汁加以過濾後放入鍋中，再加入使用開水泡軟的板狀明膠煮溶。溶化後離火，等散熱之後再放入冰箱冷卻凝固。

把糖煮菊苣所剩下的紅葡萄酒果醬來加以有效地利用，將從紅葡萄酒的濃醇味和蔬菜、莚荽籽轉移而來一點的風味，和清淡的糖煮蕃茄取得平衡。果醬要作成鬆軟軟的，以入口即溶為其魅力。

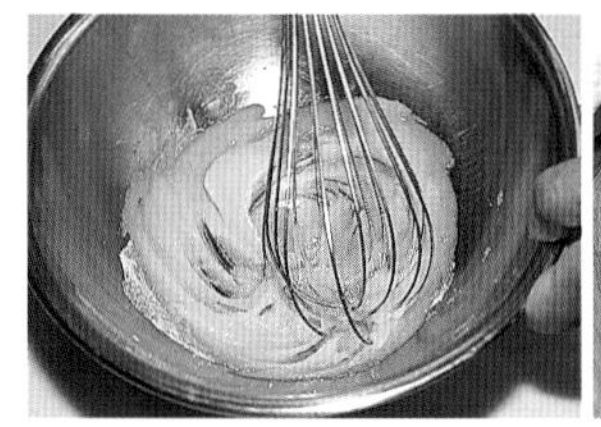

號外編

學習基本醬汁的要訣

馬斯卡波涅乳酪克林姆

卡士達醬汁不但容易搭配任何甜點，在素材或味道的組合之應用上範圍也十分廣泛。這次要教的是傳統甜點醬汁的美味製作要訣。最重要是要能和甜點融合在一起的黏稠度。邊活用蛋的凝固作用，慢慢地以小火細心地攪拌混合而成。約可保存4~5日，除抹茶外，請下些功夫做出各種的變化型。

●材料

蛋黃…4個
白砂糖…80g
牛奶…500cc
香草豆莢…1/2支
抹茶…5～10g

●做法

① 在缽內放入蛋黃和白砂糖40g，混合到砂糖溶化發白變濃稠後，加入抹茶，確實使抹茶溶化到看不到粉末。

② 用菜刀把香草豆莢縱向劃開刀痕打開後，取出裡面的種籽。

③ 在鍋內加入牛奶，將剩下的白砂糖40g、② 的香草豆莢之種籽和豆莢，以小火去煮，攪拌混合到白砂糖完全溶解。當鍋底沒有砂糖顆粒分明之觸感而且香草豆莢浮起時，即為離火的基準。

④ 在 ① 中一點點地加入③。每次少量加入時都要仔細地混合，直到完全溶解後再次少量的加入。當牛奶變成半量左右時，把剩下部分全部加入混合。如果一口氣加入蛋黃就會凝固而變成一坨一坨的要特別注意。

⑤ 把 ④ 再次倒回鍋中，以小火邊攪拌邊加熱到變濃稠狀之後離火，再以濾網過濾。

⑥ 過濾之後要隔冰水冷卻，在此時要邊混合邊散熱冷卻。在冷卻期間，為了使醬汁變成濃稠狀，要邊觀看情況邊混合，否則濃稠度會不均等請注意。

以香草豆莢浮起為基準

一點點地加入攪拌混合

用手指能畫線的黏稠狀態

即使耗費時間，也要以小火來加熱，一定要邊混合邊維持均等的火侯。濃稠的基準是如黏稠般的狀態（照片上）。此外，如同在照片下一般用木刮刀撈起醬汁，可用手指畫線之程度而醬汁能留在木刮刀上即可。

SHOP DATA

■ LOBROS
□住址／東京都世田谷区奥沢5-42-3 Trainchi內
□TEL／03-5483-4600
□營業時間／午餐11：00～14：30
下午茶14：30～18：00
晚餐18：00～23：00（點餐到22：00）
□公休日/不定期公休

使用日式素材變成嶄新的口感和獨創的味道

現今蔬菜甜點的人氣逐漸升高，在醬汁、果醬、克林姆中要技巧地引出蔬菜的魅力下面介紹從基礎的做法到以糖煮蔬菜而展開的創新風味。

以吉野葛粉強調和食並呈現嶄新口感的濃稠

吉野葛粉醬汁的魅力

- **可品嘗到以往所沒有的「口感」醬汁**
- **又Q又柔軟…**
  依照烹調法即可展現出豐富多樣的濃稠度
- **無論熱的、冰的甜點均可呈現出濃稠度**
- **在餐後享用也不會有沉重的負擔感**

葛粉原本是使用在和食的芝麻豆腐和餡料之中，現在把高品質的吉野葛粉和甜點醬汁加以組合，而產生出醬汁以往所沒有的濃稠度和口感，非常適合裹住味道的甜點。葛粉依照烹調法之不同能使濃稠度和口感產生多采多姿的變化，即使不使用蛋也能夠產生出濃稠度，在餐後享用也不會留下沉重感。下面介紹使用葛粉而成功做成令人注目的嶄新甜點醬汁之食譜。

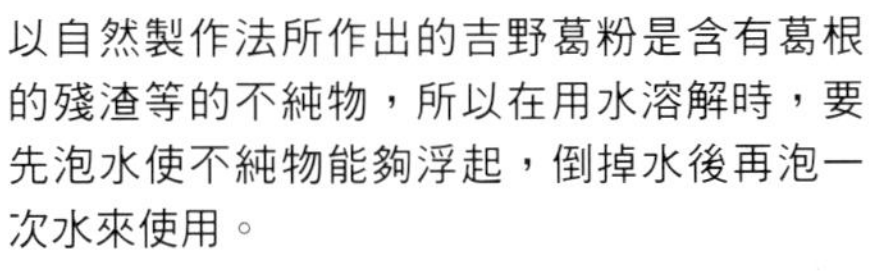

以自然製作法所作出的吉野葛粉是含有葛根的殘渣等的不純物，所以在用水溶解時，要先泡水使不純物能夠浮起，倒掉水後再泡一次水來使用。

試做·烹調指導

關內本店 月 主廚**下村邦和** 先生

在20歲成為日本料理店的廚師，經營各式各樣的店，如今身為『關內本店 月』創始店和3家分店的主廚。以善用素材做出的獨創性和食提供顧客享用而累積人氣。在2007年日經餐廳主辦的全國性新食譜大賽中獲頒大獎，在最初的最佳食譜獎和各種的料理比賽獲得最優秀獎。實力大獲肯定，並擅長開創便利商店的便當，及寒天甜點專賣店之製作人等。

1 蜂蜜奶油醬

用水溶解吉野葛粉
之後再來勾芡的醬汁
具有蜂蜜柔和的口感

●材料
鮮奶油…180cc
蜂蜜…70cc
水溶的吉野葛粉…適量

●做法
①把鮮奶油和蜂蜜放入鍋內以小火溶解蜂蜜。
②等鍋內確實沸騰之後，再一點一點加入水溶的吉野葛粉混合，並確定黏稠度。如果一次加入多量就會一口氣凝固而變成無法使用要注意。
③混合到稍為柔軟的凝固時移到另一容器內，隔冰水去除高熱後，放入冰箱。

仔細地，一點一點地加入

水溶的吉野葛粉放置時會沉澱，所以使用時務必要攪拌混合。因為醬汁冷卻時會變黏稠，因此要如照片下一般稍為做成柔軟的狀態為宜。

2 香草奶油醬

把攪拌好的葛粉
做成溫熱的醬來加以活用
作成柔軟的狀態

●材料
牛奶…400cc
鮮奶油…100cc
吉野葛粉…50g
砂糖…50g
香草豆莢…1支

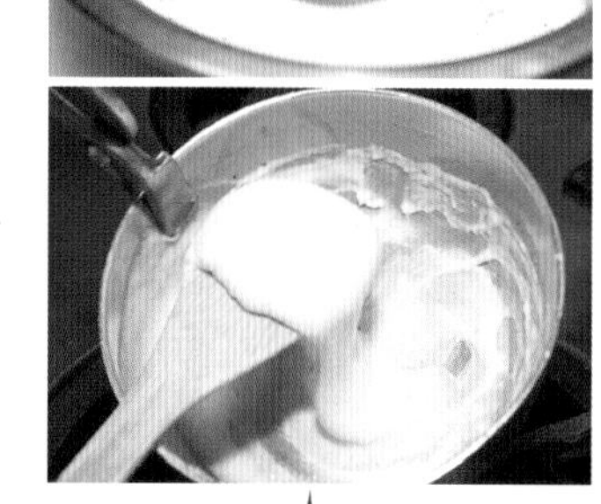

出現如此的濃稠度即完成

●做法
①全部的材料放入缽內，香草豆莢要取出種籽。
②把種籽和豆莢一起加入鍋內。把①加以混合並過濾後，放入鍋內以小火去煮。過濾時要留下吉野葛粉的殘渣，如照片上的一般確實地以橡皮刮刀磨擦過濾。
③小火持續的混合，使材料溶解。等慢慢地黏稠之後，偶而離火邊觀看狀況邊攪拌混合，如果一直在火上持續攪拌時，黏稠度會偏向一方而不均勻要注意。
④出現如照片下一般的濃稠度即完成，可作為熱的醬汁盛在甜點上。

1 玉響、蜂蜜奶油醬

把戈爾卓拉乳酪和豆腐，以牛奶、吉野葛粉攪拌成為柔軟的葛豆腐中，搭配水溶的吉野葛粉勾芡，再和加入蜂蜜的奶油醬組合而成的一品。乳酪獨特的風味和十分容易融合的醬汁之甜味十分相配，因此非常適合做為葡萄酒的下酒甜點。

2 隱月、香草奶油醬

在web網路上販售的限量甜點也是具有大人風味的商品。把加有奶油乳酪的餡料用蕃薯包裹，再如覆蓋般地淋上柔軟又厚的香草醬。把起司的微酸味和輕盈的溫熱醬汁加以調和後，變成既複雜又濃厚的新感覺之味道。

3 雪牡丹

在以山藥和糯米粉攪拌做成的麵糰中，包入蛋黃餡料，再淋上黑蜜奶油醬來加以品嘗的一口湯匙之甜點。以山藥做成入口即化的輕盈口感，醬汁是和製作「隱月」相同的QQ之葛粉餡做成的，在之後的調理作業上改變成軟滑之口感。運用此一構想能使吉野葛粉的變化更豐富多元。

3

吉野葛粉醬之處理要訣

❶ 份量的基準為12：1

要攪拌成如「香草奶油醬」般的葛粉餡時，以材料的液體量12對吉野葛粉1的比例為基準。在和食的芝麻豆腐等為6：1的比例，而在製做成甜點醬汁來提供時要稍為少量為宜。

❶ 水溶吉野葛粉是在沸騰後才加入

如果在材料尚未完全沸騰時即加入的話，冷卻後的黏稠度會變得不穩定。特別是在低溫時加入，冷卻時的黏稠度會變強要注意。如果加太多量的話會一口氣凝固而變成無法使用，因此必須一點一點地加入。

❶ 保存期限約3天

各種醬汁的保存期限約為3天左右。如「加入黑蜜的醬汁」般先冷卻凝固，因為放置過久，味道會產生變化，使用時才現做為要。

3 加黑蜜的醬

把葛粉餡先凝固後
再以打汁機來攪拌的方法
即使過了一段時間之後還是柔軟如昔
再度冷卻也不會凝固。

●材料
牛奶…300cc
鮮奶油…150cc
黑蜜…36cc
吉野葛粉…15g

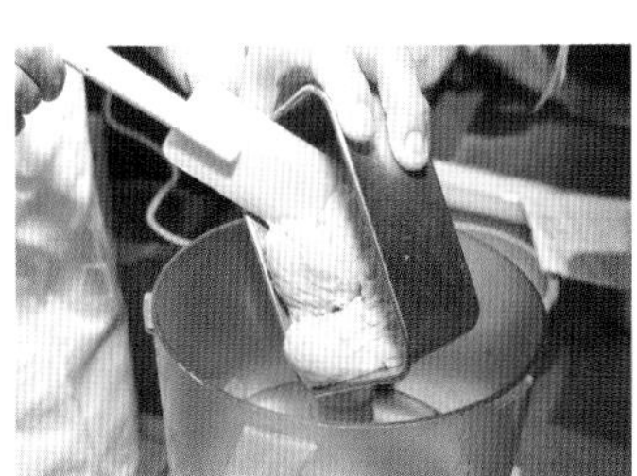

●做法
①和「香草奶油醬」的作法相同的要領，把全部的材料加以混合並過濾，以小火攪拌，到變濃稠後移到另一缽內，放入冰箱冷卻凝固。
②凝固之後，以食物調理機把塊狀變成液狀，完成如照片下一般柔軟之醬汁出來。

果凍

棒寒天凝固成口感QQ的果凍

寒天果凍的魅力

- 追求嶄新的和風魅力
- 顛覆「寒天會凝固得很結實」的形象而變成入口即化的口感
- 含有豐富的食物纖維是健康甜點

「寒天」是把洋菜凍結之後的乾燥食品，也是傳統的和風食材，使用在小羊羹等的和果子之中，它和明膠不同，因為凝固會變成稍硬的狀態，因此給人不適合做出果凍般「又Q又軟」的印象。但在這次的食譜是搭配絕妙的寒天量使果凍的柔軟和寒天獨特的口感能夠並存。因含有豐富的食物纖維又無卡洛里，強調出對健康有益的和果子之魅力。

添加柿子奶油、柚子果凍

將切碎的柿乾和奶油一起混合凝固，可突顯出秋天味覺的一品。搭配爽口又帶有酸味效果的柚子果凍，可以緩和濃厚的柿子奶油之口感而維持風味的平衡。且要控制寒天的量，邊保存其形狀而作成柔軟的果凍，進而追求易於和主要素材的融合。

食譜中使用的寒天為棒寒天。在『月』中使用的是長野產的優質棒寒天。泡水約30分到1小時軟化，如照片般撕片放入鍋內去煮溶。

柚子果凍

清爽的香味和風味
適合搭配濃厚風味的甜點

●材料　水…520cc　棒寒天…2g
柚子…1/2個（皮磨泥使用）
柚子果汁…80cc　砂糖…80g

●做法
①柚子將皮磨成泥狀，果肉榨成果汁。
②水520cc開火去煮，放入泡軟的寒天去煮溶。加入砂糖和磨泥的柚子皮、柚子果汁，一煮沸即離火。
③把②過濾到另一缽內，直接放入冰箱冷卻凝固。

寒天果凍的要訣

❶ 以「600cc對2g」成為絕妙的軟硬度
像果凍般做成很柔軟是此一食譜最重要的重點。基準是液體600cc使用乾燥狀態的棒寒天2g為最佳。但是因為水、牛奶等液體的種類（濃度）不同，所以凝固的狀態也會有不同，柚子果汁等會凝固成稍硬的狀態。

❶ 計量以0.1g為單位才正確
棒寒天會因分量只差0.1g，果凍的完成度即不同，因此要使用特殊的計量器正確計量為宜。

❶ 不要完全去除高熱
一般的果凍是將加熱的液體，去高熱後放入冰箱，但使用寒天時，如果將高熱去太多會使凝固進行太快，因此要在凝固之前放入冰箱。

❶ 依照「寒天→砂糖」的順序加入
如果先加入砂糖溶解，液體的濃度會改變而使凝固的程度產生變化，因此必須先煮溶寒天後才加入砂糖。

湯圓和紅豆餡果凍

將紅豆餡做成果凍的獨創性之一品。當下村先生創辦和食甜點專賣店時，為了開發出水羊羹的變化型，而加入海水和日本清酒做為隱味是其特徵。因海水鮮明的鹽分和日本酒的風味可突顯出素材的風味，因此做成大人的味道。放上黑豆和湯圓，再淋上加三盆糖的黑蜜來提供。

杏仁豆腐和糖煮杏乾、菊花果凍

以食用菊做出鮮紅色的果凍和橙色杏仁、白色杏仁豆腐相映成趣的冰涼甜點。因為杏仁豆腐是使用吉野葛粉攪拌而成的，因此其QQ的口感令人驚訝。而在菊花果凍中的香草之芳香和作為隱味的檸檬，更加突顯出糖煮杏乾和杏仁豆腐的風味，因為寒天不同的口感使全體更加的調和。

紅豆餡果凍

這是純粹的和風果凍
加入海水和日本清酒
成為爽口的大人風味

●材料

水…500cc　棒寒天…2g
紅豆餡…250g
海水…10cc　日本清酒…30cc

●做法

①將分量的水開火煮，把棒寒天煮溶，加入紅豆餡和海水混合均勻。
②將①過濾到另一缽內，加入日本清酒，去除高熱後放入冰箱冷卻凝固。

菊花果凍

食用菊的香味
突顯出主要食材的風味
加入檸檬以維持鮮豔的顏色

●材料

食用菊…1包　水…600cc
棒寒天…2g　砂糖…90g
檸檬汁…2大匙
山茶花素…2大匙

●做法

①把食用菊的花瓣撕開，以微波爐乾燥。放入缽中，加入煮沸的熱水600cc，以保鮮膜密封後悶3分鐘。
②悶過之後在熱水中滲入顏色和香味，把過濾後的液體加熱。加入泡水變軟的棒寒天煮溶後再加入砂糖。
③為固定顏色而加入檸檬汁，為變更鮮艷而加入山茶花素，邊過濾邊移到另一缽內，加入一點煮過的菊花後放入冰箱冷卻凝固。

克林姆

卡士達克林姆中添加和風素材

最後介紹在卡士達克林姆中組合了和風素材之構想。因為只是加以組合而已，任何人均能簡單地做到，連各種的變化型都變化多端，這次令人驚訝的食譜也不例外。尤其是乍看之下這是「！？」的組合之味噌卡士達克林姆，因加入微量的西京味噌，更突顯出卡士達克林姆原本的甜度和香醇而完成了美味的克林姆。和基本的卡士達克林姆的作法一起解說如下。

味噌卡士達克林姆的抹茶千層可麗餅

在加抹茶的可麗餅麵糰上，交替夾入味噌卡士達克林姆和鮮奶油做成和風式的甜點。以味噌的香醇來增添卡士達克林姆的美味，還以鮮奶油來維持口感的平衡。使用味噌的構想原本是在思考料理比賽時所想出來的，當時的作品「味噌布丁」也獲得極高的評價。

驚訝的香醇
使美味倍增！
味噌卡士達克林姆

搭配和風甜點相得益彰
黑芝麻卡士達克林姆

湯圓和黑芝麻卡士達克林姆

湯圓沾著加有黑芝麻醬的卡士達克林姆來品嘗的菜單。黑芝麻克林姆的色調引人注目，更加突顯出和風甜點的氛圍。味道清淡的湯圓和香醇又濃郁的黑芝麻卡士達克林姆十分搭配，適合於多人分享的一品。

黑芝麻卡士達克林姆醬

凡是使用卡士達克林姆的甜點，黑芝麻是比較容易搭配各種食材，且容易突顯出和風魅力的一種食材。在餐廳『月』中則是使用又馥郁又香醇的優質的芝麻醬。如果加入芝麻的克林姆太硬時，可以用牛奶來加以調節。

●材料　卡士達克林姆…150g
黑芝麻醬…10g

●做法
將卡士達克林姆和黑芝麻醬加以混合，將全體攪拌均勻。

味噌卡士達克林姆

它是從「味噌和蛋容易搭配」的情況而產生構想的。在和食中加入味噌作基底，多半會加入蛋，這是由和食的智慧中創造出的甜點克林姆。據說所使用的西京味噌，其鹽份程度和稍微的甜味最能突顯出卡士達香醇的甘甜味。

●材料　卡士達克林姆…300g
西京味噌（擠壓過濾）…20g

●作法
把卡士達克林姆和味噌加以混合，攪拌到全體均勻為止。

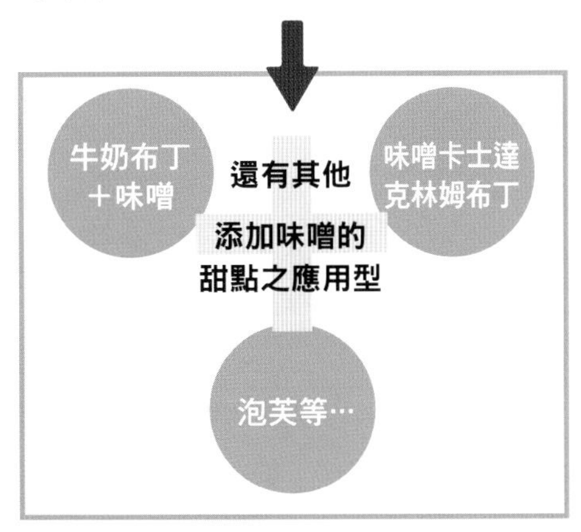

由於味噌和蛋非常絕配，因此味噌除了可以和卡士達克林姆混合之外，還可以應用在各種甜點上。例如加入以寒天凝固的牛奶布丁中，據說味道會變成如「milky」般的味道出來。

卡士達克林姆

利用蛋的濃厚甘甜，這是在甜點中不可缺少的食材。在『月』時，原本是在砂糖中加入海藻糖為其特徵。使用爽口又具有高雅的甘甜，且品質保持效果和保水性極高的海藻糖，會使克林姆更滑潤，且保存期限更長。為避免蛋和粉類結成塊狀，在加熱時要不斷地仔細攪拌以避免濃度不均而產生塊狀，這也是美味的條件之一。

加入海藻糖

偶而離火而加以混合

攪拌到濃稠又均勻即完成

●材料
蛋黃…4個　低筋麵粉…50g
砂糖…90g　海藻糖…20g
玉米澱粉…10g
牛奶…500cc　無鹽奶油…15g

●做法
①在蛋黃內加砂糖和海藻糖，以擦底攪拌混合到發白又濃稠狀。
②將過篩的低筋麵粉和玉米澱粉加入①混合均勻，如果有事先作好加味噌和黑芝麻等和風素材的卡士達克林姆醬的話，在此一階段加入。
③在②中慢慢加入牛奶，在避免結成塊狀的狀態下將全體混合均勻。等牛奶全部加入變柔軟後，邊過濾到鍋中，邊以小火去煮。
④以木刮刀持續地攪拌③到變成黃色又濃稠狀，偶而要離火混合，避免結成塊狀。注意鍋邊容易沾上塊狀。
⑤混合到均勻濃度的狀態時要離火，最後加入奶油增加光澤。

SHOP DATA

■關內本店 月
□住址／神奈川縣橫浜市中區尾上町5-70The Paleal源平大樓1F
□TEL／045-664-7334
□營業時間／星期一~四、日 17：00-24：00（點菜到23：00）
□公休日／全年無休

素材別、風味別

新感覺の創作甜點之食譜大全

在此要刊載新感覺の創作甜點中所介紹的菜單之食譜
刊載於彩色頁中的各菜單之號碼和食譜內的號碼是相同的號碼
請依照號碼尋找出想要看的菜單和食譜

下的材料全部加入煮溶，放涼到皮膚溫度後，倒入製冰淇淋機中製作冰淇淋。

〈南瓜麵疙瘩〉
南瓜放入蒸鍋內擠壓過濾後，再和糯米粉一起混合，邊加水邊調整揉出湯圓狀，放入熱水中，取出後放入冰水冷卻。

〈無花果和紅葡萄酒的湯〉
①無花果剝皮搓揉成泥狀，將剩下的材料全部加入，在鍋內煮開後，充分放涼冷卻。
②把①的湯倒入盤內，放入南瓜麵疙瘩，最後盛上冰淇淋來提供。

3 優格水果冰糕 佐水果拼盤

【材料(10人份)】
〈優格冰沙〉
鮮奶油…220cc　糖粉…180g　優格…1kg
檸檬汁…適量

〈糖漬水果〉
（材料A）
紅葡萄酒…450cc　柳橙汁…150cc
波多葡萄酒…30cc　白砂糖…80g　茴香…2個
肉桂…1/2支　香草精…1/4支　羅勒葉…2片

（材料B）
葡萄、無花果、洋梨、桃、奇異果、柳橙…各適量

〈香檳果凍〉
香檳…750cc　白砂糖…150g　萊姆…1/4個　明膠…8g

〈裝飾〉
薄荷

【作法】
〈優格冰沙〉
①將鮮奶油、糖粉、優格全部混合以後，放入冰沙機內做成冰沙。
②在剛凝固成柔軟狀時，加入少量的檸檬汁再度轉動冰沙機即完成。

〈糖漬水果〉
①把(材料A)放入鍋內，邊混合邊開火煮沸，再過濾。
②在①中放入切好(材料B)的水果去浸泡糖漬。

水果、堅果系

1 香茅糖漬熱帶水果 點綴椰子冰淇淋

【材料】
〈糖漬水果〉
水…1L　檸檬皮…1個分　柳橙皮…1/2個分
香草豆莢…1/2支　香茅…300g　砂糖…300g
熱帶水果(哈密瓜、草莓、芒果、藍莓、覆盆子等)

〈裝飾〉
木瓜(容器用)　椰子冰淇淋　巧克力棒　糖粉　薄荷

【作法】
①把水、檸檬皮、柳橙皮、香草豆莢、香茅、砂糖放入鍋內以小火加熱約20分鐘後，隔冰水冷卻。
②把熱帶水果浸泡在①中醃漬一晚。
③把切半挖出種籽的木瓜當作容器。
④把②放入木瓜容器內，在其上面放椰子冰淇淋，插上巧克力棒，灑上糖粉放上薄荷來提供。

2 黑色無花果和紅葡萄酒的南瓜麵疙瘩 搭配含小米和糙米的香草冰淇淋

【材料】
〈玄米冰淇淋〉
玄米、寒天、豆奶、鮮奶油、洗雙糖、糖稀…各適量

〈南瓜麵疙瘩〉
糯米粉、南瓜泥、水…各適量

〈無花果和紅葡萄酒的湯〉
無花果、紅葡萄酒、洗雙糖、檸檬汁…各適量

【作法】
〈玄米冰淇淋〉
①將玄米稍為炒過之後，和豆奶一起放入鍋中煮沸，使香味飄出。
②在①中加入寒天以中火煮沸使其溶化，直接以其狀態把剩

〈裝飾〉
栗子罐頭的栗子1/2個、可可粉、糖粉、薄荷…各適量

【作法】

〈咖啡摩卡冰淇淋〉
①在缽內放入蛋黃和白砂糖，混合到發白為止。
②在另一缽內放入熱水，加入即溶咖啡粉溶解。
③把②慢慢加入①中混合。
④把③連同缽一起邊隔熱水加熱，邊混合到濃稠狀。
⑤把④放入冰水中冷卻。
⑥把打發7分起泡的鮮奶油，在此時加入⑤中，以切半方式輕輕混合。
⑦用鋁箔紙把中空模捲起，把⑥各倒入1人份，放入冰箱冷卻凝固。

〈蒙布朗泥〉
把栗子泥、鮮奶油混合均勻。

〈栗子醬〉
把栗子泥、牛奶、鮮奶油一起混合均勻。

〈裝飾〉
在容器內鋪上栗子醬，盛上咖啡摩卡冰淇淋。在其上面擠上蒙布朗泥，擺放上罐頭的栗子，最後灑上可可粉和糖粉，點綴上薄荷提供。

6 水果陶盅的前菜和香檳冰沙

【材料】

〈果凍〉
水、砂糖、白葡萄酒、板狀明膠
新鮮葡萄柚汁…各適量

〈水果〉
巨峰葡萄、哈密瓜、芒果、覆盆子、藍莓
粉紅肉的葡萄柚…各適量

〈裝飾〉
香檳冰沙

【作法】
①把水和砂糖、白葡萄酒和新鮮葡萄柚汁放入鍋內，以中火加熱。
②在①中一邊加入用水泡軟的板狀明膠，一邊混合過濾製作果凍液。
③在導水管狀的模中鋪上切片的哈密瓜，在其上擺放上各種水果。
④在③上倒入②的果凍的液體，放入冰箱1天冷凍凝固即完成陶盅形果凍。
⑤從容器中取出成型的陶盅形果凍，切開後盛盤，點綴香檳冰沙來提供。

7 西洋梨輕乳酪蛋糕

【材料(4人份)】

〈糖漬西洋梨〉
水、砂糖、西洋梨…各適量

〈香檳果凍〉
①香檳、白砂糖、萊姆一起混合，開火煮沸。
②在①中放入用水泡軟的明膠混合之後，再放入冰箱使其冷卻凝固。

〈裝飾〉
在容器內鋪上糖漬水果和香檳果凍，在中央盛上優格冰沙，點綴薄荷來提供。

4 杏仁捲和馬斯卡波涅乳酪

【材料】

〈柳橙皮〉
柳橙皮…2個分　白砂糖…50g　水…100cc

〈馬斯卡波涅乳酪克林姆（5~6人份）〉
馬斯卡波涅乳酪…250g　白砂糖…80g
蛋黃…2個分　鮮奶油…125cc　蘭姆酒…30cc

〈杏仁餡料（15人份）〉
奶油…60g　杏仁粉…60g　糖粉…60g
蛋…1個　阿瑪雷特酒（義大利甜露酒）…1大匙

〈裝飾〉
春捲皮…（1人份．2~3片）　糖粉

【作法】

〈柳橙皮〉
把柳橙皮煮沸後水倒掉，皮切碎，和水100cc、白砂糖一起放入鍋內煮到水分收乾。

〈馬斯卡波涅乳酪克林姆〉
①在蛋黃中加入白砂糖（全體的半量）打發起泡，再加軟化的馬斯卡波涅乳酪攪拌均勻。
②在鮮奶油中加入剩下的白砂糖打發起泡，再加入①中稍為混合，最後加入藍姆酒混合均勻。

〈杏仁餡料〉
把在室溫回軟的奶油攪拌混合到泥狀，加入糖粉混合。再加全蛋和過篩的杏仁粉一起混合，最後加阿瑪雷特酒（義大利甜露酒）

〈裝飾〉
①春捲皮切成1/2，上面塗抹加柳橙皮的杏仁餡料後捲緊。
②有人點菜時把①炸好後，充分灑上糖粉，盛在容器上，點綴馬斯卡波涅乳酪克林姆。

5 咖啡、摩卡、蒙布朗

【材料(14人份)】

〈咖啡摩卡冰淇淋〉
蛋黃…6個　白砂糖…150g
即溶咖啡粉…6大匙
鮮奶油…380g　熱水…180cc

〈蒙布朗泥〉
栗子泥…150g　鮮奶油…100cc

〈栗子醬〉
栗子醬…50g　牛奶…150cc　鮮奶油…中1匙

9 王道冰淇淋

【材料】
水果雞尾酒　香草冰淇淋　玉米片　水果醬(草莓)
巧克力醬　發泡奶油

〈裝飾〉
夾心餅乾　巧克力棒　糖粉　香葉芹

【作法】
在雪泥用的玻璃杯中倒入水果雞尾酒，然後依照順序的放入發泡奶油、玉米片、水果醬、香草冰淇淋，再淋上巧克力醬，點綴上夾心餅乾和巧克力棒，再灑上糖粉最後裝飾上香葉芹。

10 糖煮柿子蜜餞

【材料(5人份)】
水…500g　白砂糖…100g　柿子…2個
香草冰淇淋…適量

【作法】
①將柿子切成4等分，去皮。
②把水和白砂糖放入鍋內去煮，煮沸後放入①再煮10~15分鐘，放涼後放入冰箱冷卻。
③將②的柿子和糖煮汁盛盤，在其上面放香草冰淇淋來提供。

11 栗子塔

【材料(6人份)】
〈栗子克林姆〉
栗子泥…200g　栗子克林姆…50g
鮮奶油…100g　蘭姆酒…適量

〈巧克力克林姆〉
庫貝爾巧克力…200g　鮮奶油…200g
蛋黃…1個　白砂糖…20g

〈塔皮(塔麵糰)〉
蛋白…60g　白砂糖…40g　杏仁粉…36g　糖粉…18g

〈柚子冰淇淋〉
蛋黃…5個　白砂糖…75g
柚子表皮磨泥…5個分　柚子肉的榨汁…5個分
鮮奶油(乳脂肪分35%)…液體1L
蜂蜜…250g

〈裝飾〉
糖煮栗子

【作法】
〈栗子克林姆〉
把栗子泥、栗子克林姆、鮮奶油、蘭姆酒加入並混合均勻。

〈巧克力克林姆〉
將溶化的庫貝爾巧克力、鮮奶油、蛋黃、白砂糖加以混合後，放入冰箱冷卻。

〈塔皮〉
低筋麵粉…250g　奶油…125g　水…60g　蛋黃…1個
鹽…2.5g

〈輕乳酪麵糰〉
奶油乳酪…250g　糖粉…60g　奶油…65g
白砂糖…100g　全蛋…2個

【作法】
〈糖漬西洋梨〉
在鍋內放入砂糖、水、切塊的西洋梨，以小火煮10分鐘。

〈塔皮〉
①在室溫回軟的奶油中，加入水、蛋黃、鹽一起混合，再加入低筋麵粉混合均勻。
②把①放入冰箱約醒3小時。
③將②的麵糰桿平後鋪在模型內，放入180℃的烤箱中烘烤12~13分鐘完成塔皮。

〈輕乳酪麵糰〉
將奶油、全蛋、白砂糖、糖粉和充分攪拌到克林姆狀的奶油乳酪全部混合均勻。

〈裝飾〉
在塔皮上放上輕乳酪麵糰，上面擺放糖漬西洋梨。盛盤後點綴上薄荷提供。

8 亞洲千層派 點綴芒果冰

【材料(12人份)】
〈椰子卡士達克林姆〉
蛋黃…6個　低筋麵粉…50g　椰奶…250cc
鮮奶油…400g　砂糖…150g　牛奶…250g
香草豆莢…1/2支

〈裝飾〉
派皮、芒果冰淇淋、熱帶水果(哈密瓜、芒果、草莓
奇異果、芒果、藍莓、覆盆子等)

【作法】
〈椰子卡士達克林姆〉
①在缽內放入蛋黃和砂糖，均勻地混合到濃稠。
②在①中加入低筋麵粉，充分地混合。
③在鍋內放入牛奶、椰奶、香草豆莢開火加熱到約80℃的溫度為止。
④在②中一面慢慢地加入③，一面混合均勻。
⑤等④充分混合均勻之後，再放回鍋內，以小火慢慢去煮直到變稠而且可以揉成團狀之後離火，移到缽內隔冰水冷卻。
⑥在⑤完全冷卻的狀態下，加入打發8分起泡的鮮奶油一起混合。在提供前才放入擠花袋中。

〈裝飾〉
①把放入烤箱烤好的派皮切成兩半，在下層部分的派皮上擠上椰奶卡士達克林姆，盛上切塊的水果塊，蓋上上層部分的派皮做為夾心。
②點綴芒果冰淇淋。在全體上灑上可可粉、糖粉，點綴薄荷提供。

13 酪梨的義式布丁

〈材料（20人分）〉

鮮奶油（乳脂肪35％）…1L　白砂糖…75g
蛋黃…5個　酪梨…5個　粗蔗糖…適量
100%蘋果汁…400cc　冰克特（天然甜味料）…適量

【作法】

①酪梨去種籽剝皮，放入打汁機內打成泥狀。
②把蛋黃和白砂糖混合到發白且濃稠。
③在②中加入蘋果汁和加熱到約80℃的鮮奶油一起混合。
④等③放涼後，加入①的酪梨一起混合。
⑤把④放入模型內，以150℃的烤箱烘烤40分鐘，輕輕烤熟後，放入冰箱冷卻凝固。
⑥把⑤從冰箱中取出拿掉模型，在表面灑上粗蔗糖，以噴槍烘烤出如焦糖般的焦色出來。
⑦把從模型中取出的⑥盛盤，點綴上冰克特（天然甜味料）來提供。

14「阿沙伊」和香蕉

【材料】

阿沙伊（亞馬遜水果皇冠）　香蕉…1/2條　果菜泥（液狀）
碎冰…適量

【作法】

把所有的材料放入打汁機攪拌後，再倒入玻璃杯中。

15 阿沙伊和蘋果冰沙

【材料】

阿沙伊（亞馬遜水果皇冠）　碳酸飲料　碎冰…適量

〈裝飾〉

蘋果冰沙

【作法】

把阿沙伊、碳酸飲料、碎冰倒入玻璃杯中，充分攪拌，點綴上蘋果冰沙。

16 含有豐富水果的西洋式奶油餡蜜

【材料（10人份）】

〈準備〉

覆盆子醬（覆盆子、砂糖、水、檸檬汁）…120cc
派皮麵糰…250g　黑胡椒、敲碎的岩鹽…適量
綠豌豆餡（綠豌豆、水、砂糖）…300g
牛奶寒天…100g　黑糖寒天…100g
木瓜、芒果、哈密瓜（切丁）…各70g
求肥（糯米粉25g、水50g、上白糖30g）100g
陳年葡萄酒黑蜜（陳年葡萄酒醋300cc、黑蜜70cc）

〈裝飾〉

椰子甜餅…200g
發泡奶油…200cc　牛蒡冰淇淋…400g
蘋果、奇異果、覆盆子、薄荷…各適量

〈塔皮（塔麵糰）〉

①在打發起泡中的蛋白中加入糖粉、白砂糖、杏仁粉一起混合。
②把①放入模型中，灑上糖粉後放入180℃的烤箱中烘烤8分鐘，即完成塔皮。

〈柚子冰淇淋〉

①把蛋黃和白砂糖混合到發白又濃稠後，加入磨成泥狀的柚子表皮，再加入500cc的鮮奶油混合，倒入蜂蜜加熱到約80℃。
②在①中加500cc的鮮奶油一起混合。
③把②隔冰水冷卻，加入柚子果肉的榨汁後放入製冰淇淋機內製作冰淇淋。

〈裝飾〉

在塔皮上面盛上巧克力克林姆，再從上面擠出栗子克林姆，放上糖煮栗子。點綴上栗子冰淇淋來提供。

12 自製芒果輕乳酪蛋糕

【材料（12人份）】

〈果凍〉

芒果汁…100g　芒果利口酒…20cc
糖漿…150g　板狀明膠…6g

〈芒果輕乳酪〉

芒果汁…180g　奶油乳酪…300g
酸奶油…30g　白葡萄酒…50g
芒果栗口酒…50cc　砂糖…150g
新鮮檸檬汁…10cc　鮮奶油…200g
板狀明膠…7g　餅乾…適量
芒果果肉…適量

〈裝飾〉

草莓、莓類、楊桃、可可粉

【作法】

〈果凍〉

①把芒果汁和糖漿開火去煮，煮沸後離火。
②在①中放入用水泡軟的明膠和芒果栗口酒來加以混合均勻。

〈芒果輕乳酪蛋糕〉

①把奶油乳酪隔水加熱。
②把芒果汁和①的奶油乳酪、砂糖放入缽內，混合直到滑潤均勻。
③在②中加入酸奶油混合，邊把鮮奶油分3次加入，邊輕輕混合。
④把白葡萄酒開火煮到酒精揮發掉，加入用水泡軟的明膠後，加入③中一起混合。
⑤在④中加入檸檬汁和芒果栗口酒混合。
⑥在小型的中空模內鋪滿隨意壓碎的餅乾，倒入⑤。然後在其上面放3片芒果切片，再倒入果凍，最後放入冰箱冷卻凝固。

〈裝飾〉

從中空模中取出芒果輕乳酪蛋糕盛盤，灑上可可粉，點綴上水果來提供。

〈栗子冰淇淋〉

牛奶…1L　蛋黃…8個分　白砂糖…120g
鮮奶油…50cc　栗子泥…200g

〈裝飾〉

核桃、莓類、薄荷、糖粉、巧克力醬…各適量

【作法】

〈焦糖西洋梨〉

①西洋梨剝皮，切成一口大小。
②在平底鍋內放入無鹽奶油和砂糖加熱到冒出焦香味。
加入①的西洋梨輕輕炒軟，到表面變成褐色，加鮮奶油輕輕加熱後，移到容器內。

〈栗子冰淇淋〉

①把白砂糖和蛋黃放入缽內，攪拌到發白且濃稠。
②把牛奶煮沸後，慢慢少量地加入①攪拌，等全部混合均勻後，移到鍋內，以中火慢慢地加熱，到蛋煮熟產生濃稠度後離火，隔冰水冷卻。
③把鮮奶油打發到約8分起泡後，和栗子泥一起加入②中混合，再放入製冰淇淋機中攪拌成冰淇淋。

〈裝飾〉

把焦糖西洋梨放入容器內，點綴栗子冰淇淋，以烤過的核桃、莓類、薄荷加以裝飾並灑上糖粉，淋上巧克力醬。

19 懸浮在玫瑰牛奶中的麝香葡萄果凍搭配湯圓綠豌豆

【材料（10人份）】

〈麝香葡萄果凍〉

麝香葡萄（可用綠葡萄代替）…20粒
麝香葡萄罐頭…1/2罐
水…225cc　檸檬汁…適量　板狀明膠…15g
白葡萄酒…50cc

〈湯圓〉

糯米粉…40g　水…70cc　上白糖…40g

〈玫瑰牛奶〉

玫瑰糖漿…30cc　豆奶…250cc
鮮奶油（乳脂肪37%）…50cc
石榴糖漿…適量

〈裝飾〉

綠豌豆（以砂糖水煮過但不可煮爛）

【作法】

〈麝香葡萄果凍〉

①麝香葡萄（如果沒有可以綠葡萄代替）去皮去種籽，輕輕淋上檸檬汁。
②把麝香葡萄罐頭連同湯汁一起放入打汁機內。
③把②移到鍋內加水去煮，煮沸後離火，加白葡萄酒、檸檬汁、明膠，放涼到皮膚溫度連同①的果肉一起放入模型內，在冰箱內冷卻凝固。

〈湯圓〉

①把糯米粉、水、上白糖加以混合。
②把①做成湯圓形狀，放入熱水中適度地煮熟後，放入冰水中冷卻。

【作法】

〈過程〉

①在覆盆子中加入砂糖、水、檸檬汁，以打汁機攪拌做成覆盆子醬。
②在派麵糰上灑上黑胡椒、岩鹽，烘烤好切成細長片。
③在綠豌豆中加入水、砂糖煮到鬆軟後製作餡料。
④黑蜜寒天、牛奶寒天是分別做出適當的甜度，倒入模型內冷卻凝固後，切成1cm丁狀。
（基準：液體500cc · 寒天4~5g）
⑤把各水果依裝飾用和切丁用分別準備好。
⑥在缽內放入糯米粉、水、上白糖混合，製作成求肥後切成丁狀。
⑦鍋內放入陳年葡萄酒醋，煮到剩下半量再和黑蜜混合。

〈裝飾〉

①在容器內鋪上切成小塊狀的椰子甜餅，在其上擠上發泡奶油，接著淋上覆盆子醬。
②在①上放切丁狀的水果和寒天、求肥，在其上面再放上牛蒡冰淇淋和綠豌豆餡料。
③以派皮、裝飾用的水果和薄荷葉加以裝飾，點綴上陳年葡萄酒黑蜜來提供。

17 蒙布朗克林姆的法式薄餅

【材料（10人份）】

栗子泥…100g　鮮奶油…100cc
鮮奶油（打發6分起泡）…200cc　白蘭地…10cc
可麗餅麵糰（直徑12cm）…10片

〈裝飾〉

香草冰淇淋、發泡奶油、巧克力醬、
甘露煮栗子…各適量

【作法】

①栗子泥和鮮奶油（100cc）放入鍋內，開火煮到完全溶化後放涼。
②把鮮奶油（200cc）打發6分起泡，和①混合，加白蘭地持續混合。
③在可麗餅麵糰上抹上②的克林姆，在其上面重疊上可麗餅為層狀，如此反覆疊上10片的可麗餅，在上面部分擠上克林姆。
④把③切塊狀後盛盤，點綴上香草冰淇淋和發泡奶油，淋上巧克力醬，最後以在表面用噴槍烤過做出焦色的甘露煮栗子來加以裝飾。

18 柔軟的西洋梨焦糖煮蜜餞點綴冰涼的冰淇淋

【材料】

〈焦糖西洋梨〉

西洋梨、白砂糖、無鹽奶油…各適量
鮮奶油…少許

〈裝飾〉

①將無花果、柿子剝皮後切片，把蘋果在水、有機糖、葡萄酒中煮成糖漬蘋果後，切片備用。

②在煎烤過的法式吐司上塗抹日本栗子克林姆，將各種水果盛在其上，再點綴上素炸的米麵包，灑上糖粉，裝飾薄荷來提供。

22 優格的甜點點綴自製果醬

【材料】

〈果醬〉

〔麝香葡萄鳳梨〕

麝香葡萄　鳳梨　白葡萄酒　白砂糖　檸檬汁

〔草莓〕

草莓　奇異果　白砂糖　檸檬汁

〈裝飾〉

優格　薄荷

【作法】

〈果醬〉

①把麝香葡萄和鳳梨去皮，切碎到某種程度之後再和白葡萄酒、白砂糖、檸檬汁一起放入鍋內，以小火慢慢去熬煮，一邊以木刮刀混合一邊以小火熬煮20~30分鐘。

②草莓果醬是將奇異果去皮，切碎成某種程度之後再和草莓、白砂糖、檸檬汁一起放入鍋內，以小火慢慢去熬煮一邊以木刮刀混合一邊以小火熬煮20~30分鐘。

〈裝飾〉

當有人點菜的時後，先盛上優格，再擺放上果醬。最後點綴薄荷來提供。

23 栗子奶油泡芙

【材料】

〈麵糰〉

泡芙皮麵糰　椰漿

〈卡士達克林姆〉

牛奶　香草豆莢　玉米澱粉　蛋黃　砂糖

〈發泡奶油〉

鮮奶油　砂糖　班尼狄克丁香草酒

〈栗子克林姆〉

栗子克林姆（罐裝）　奶油

〈裝飾用〉

煮帶膜栗子（罐裝）、巧克力冰砂（把巧克力、牛奶、可可粉、水、可迪巴利口酒、格蘭瑪利亞橙皮酒混合後放入製冰淇淋機內製作而成）

餅乾

【作法】

①將泡芙麵糰排放在烤盤上，沾上椰漿後放入烤箱烘烤。

②將卡士達克林姆的材料加以混合，在鍋內充分攪拌均勻製作卡士達克林姆。

〈玫瑰牛奶〉

①把豆奶、鮮奶油、玫瑰糖漿一起混合，再加石榴糖漿調節顏色。

〈裝飾〉

在有深度的容器內，鋪上瀝乾糖漿的糖煮綠豌豆，在其上面盛上麝香葡萄果凍，上面再裝飾麝香葡萄。在果凍的周圍擺放湯圓並倒入玫瑰牛奶，點綴上薄荷來提供。

20 椰子芒果雪泥

【材料】

〈芒果布丁〉

香草冰淇淋　芒果果肉　板狀明膠　水　白砂糖

〈裝飾〉

椰子冰淇淋　粉圓　椰子果凍　芒果　柳橙　荔枝

薄荷

【作法】

①製作芒果布丁。將香草冰淇淋加以溶解，為了保留口感就要邊用手撕開芒果果肉邊混合，然後加入用水泡軟的板狀明膠、水、白砂糖，再倒入模型內冷卻凝固。

②容器內盛入芒果布丁和椰子果凍、粉圓、椰子冰淇淋，再以新鮮的芒果、柳橙、荔枝、薄荷加以裝飾即完成。

21 充滿秋天味覺的果園和田園之法式吐司搭配日本栗子蒙布朗克林姆

【材料】

〈法式吐司1人份〉

米麵包…1個　全蛋…1個　牛奶…300cc

有機糖…100g　蜂蜜…10g

奶油…適量

〈日本栗子克林姆〉

剝皮日本栗子（糖蜜煮的）…100g　鮮奶油…80cc

蛋黃…1個分　有機糖…100g

〈裝飾〉

無花果…1/3個　柿子…1/4個

糖漬葡萄酒的蘋果…1/6個　糖粉…適量　薄荷…適量

【作法】

〈法式吐司1人分〉

①把蛋、有機糖、牛奶、蜂蜜放入缽內混合，製作法式吐司的浸泡液。

②將米麵包橫向切兩半，把下半部分浸泡在法式吐司的浸泡液中約30分鐘。

③把米麵包的上半部分切成一口大小去素炸，然後灑上有機糖。

④在平底鍋上把奶油加熱，然後煎烤②的米麵包。

〈日本栗子克林姆〉

①把剝皮日本栗子以糖蜜煮過後，再過濾。

②把鮮奶油、蛋黃、有機糖混合後打發起泡，加入①的栗子輕輕混合。

〈裝飾〉
鮮奶油(打發起泡的)　糖粉

【作法】

〈烤蛋白糖霜〉
在蛋白內，把白砂糖分數次邊加入邊打發起泡，製作蛋白糖霜，然後倒在盤上形成平面，放入100℃的烤箱中烘烤1小時到1小時半後，切開。

〈栗子克林姆〉
將栗子泥和在室溫回軟的奶油攪拌均勻，加入藍姆酒和干邑酒一起混合。

〈栗子冰〉
①把白砂糖和水開火，加熱到116~117℃。
②邊把全蛋和蛋黃打發起泡，邊加入①的糖漿，打發到冷卻濃稠的起泡狀。
③把鮮奶油打發8分起泡和②混合，倒入盤中，灑上切碎的甘露煮的栗子，放入冰箱冷卻凝固，趁硬時在上桌前切成四方塊狀。

〈裝飾〉
在玻璃杯底下放入烤過的蛋白糖霜，重疊上塊狀的栗子冰，淋上鮮奶油後，擠出回復常溫的栗子克林姆，最後灑上糖粉即完成。

26 柿子和巴黎式紅蘿蔔的豆奶卡士達蛋塔點綴蒲公英咖啡冰淇淋

【材料】

〈蒲公英咖啡冰淇淋〉
蒲公英咖啡　豆奶　楓糖漿　糖稀　寒天　鹽
油菜籽油　香草豆莢…各適量

〈塔皮麵糰〉
麵粉　麥粒粉　鹽　油菜籽油　水…各適量

〈豆奶卡士達克林姆〉
栗子粉　豆奶　椰子粉　楓糖漿　寒天　鹽
香草豆莢…各適量

〈糖漬柿子和巴黎式糖漬紅蘿蔔〉
柿子　紅蘿蔔　柳橙汁　糖漿

【作法】
①製作蒲公英咖啡冰淇淋。把豆奶、香草豆莢、蒲公英咖啡全部放入鍋內，加以煮沸使其冒出香味，再加入寒天以中火煮沸到溶化為止。保持中火把剩下的材料全部加入煮溶。放涼到皮膚溫度後，放入製冰淇淋機內製作冰淇淋。
②烘烤塔皮，在室溫下放涼。
③製作豆奶卡士達克林姆。把材料全部放入鍋內，在避免燒焦下邊混合邊以小火煮約10分鐘後，放涼。
④製作糖漬柿子和巴黎式紅蘿蔔。把紅蘿蔔切細絲，蒸軟灑上少量的鹽，以柳橙汁和糖漿加以糖漬。柿子切片後以糖漿加以糖漬。
⑤在塔皮麵糰上塗抹上豆奶卡士達克林姆，依序放上④的紅蘿蔔、柿子，然後和①的蒲公英咖啡冰淇淋一起盛盤。

③在缽內放入鮮奶油和砂糖、班尼狄克丁香草酒之後，打發至約8分起泡。
④在另一缽內把奶油打發成濃稠狀，加入②的卡士達克林姆和栗子克林姆混合均勻。
⑤把在①中烤好的泡芙皮中央切開打洞，擠入③的鮮奶油約到麵糰的2/3量，剩下的空間擠入④中的卡士達・栗子克林姆。
⑥把⑤的泡芙盛盤，以切半的煮帶膜栗子、巧克力冰砂、餅乾加以裝飾。

24 法國洋梨派點綴香草冰淇淋佐柳橙焦糖醬

【材料】

〈法國洋梨派〉
派麵糰　法國洋梨
巧克力卡士達克林姆
(在卡士達克林姆中混合甜巧克力和可可粉而成)
蛋黃(塗抹用)

〈柳橙焦糖醬〉
砂糖　柳橙汁　鮮奶油　果醬

〈裝飾〉
香草冰淇淋
美洲山核桃(裹上肉桂糖衣而成的)

【作法】

〈法國洋梨派〉
①製作派皮。製作8×9cm四方的派麵糰，在中央處擠出巧克力卡士達克林姆，再放上切片的法國洋梨。
②在①的麵糰上塗抹蛋黃，放入190℃的烤箱中烘烤20~30分鐘。

〈柳橙焦糖醬〉
在小鍋內放入砂糖，開火煮成焦糖狀之後，再放入柳橙汁和鮮奶油，使用玉米澱粉調整其軟硬度。

〈裝飾〉
在盤上放①的派皮、香草冰淇淋、美洲山核桃，送到客桌上才淋上熱騰騰的柳橙焦糖漿。

25 glass-glace蒙布朗

【材料】

〈烤蛋白糖霜(10人份)〉
蛋白…2個　白砂糖…100g

〈栗子克林姆(5人份)〉
栗子泥…200g　奶油…100g
蘭姆酒…1大匙　干邑酒…1大匙

〈栗子冰淇淋(15人份)〉
白砂糖…100g　水…2大匙
甘露煮的栗子…360g(切碎)
蛋黃…3個分　全蛋…1個
鮮奶油…500cc

②在①中加入過篩的低筋麵粉輕輕混合。
③在小陶盅內鋪上巧克力麵糰約到容器的一半，然後從上面盛上鮮奶油巧克力克林姆，最後再覆蓋上所剩下的巧克力麵糰。

〈優格冰淇淋〉

將鮮奶油煮沸，在其中加入白砂糖、糖稀，溶解後倒入缽內隔冰水冷卻，加入磨成泥的檸檬皮、檸檬汁、無糖優格混合後，放入製冰淇淋機製作冰淇淋。

〈裝飾〉

有人點菜時，才把裝巧克力的小陶盅放入200℃的烤箱中烘烤7~8分鐘。在烘烤過的陶盅內盛有熱巧克力，點綴上優格冰淇淋來提供。

29 巧克力陶罐派和自製的香蕉冰淇淋

【材料】

〈巧克力陶罐派〉

巧克力…400g　奶油…180g
白砂糖…80g　水…25cc　蛋…4個

〈香蕉冰淇淋（20人份）〉

香蕉…2支　香草冰淇淋…400g
維他命C…1g　檸檬汁…15cc　糖稀…200g

〈裝飾〉

可可粉

【作法】

〈巧克力陶罐派〉

①把切碎的巧克力和切片的奶油一起放入缽內，隔熱水將其溶化。
②把白砂糖和水開火加熱到116~117℃。
③蛋要把蛋黃和蛋白分開。蛋白打發起泡邊加入②的糖漿邊打發起泡，製作義式蛋白糖霜。
④把在③中剩下的蛋黃加入①中混合，然後和③的蛋白糖霜混合，再倒入鋪有鋁箔紙的模型內冷卻凝固。

〈香蕉冰淇淋〉

將全部的材料放入食物處理機、攪拌混合。放入冷凍庫裡冷卻凝固。

〈裝飾〉

把巧克力陶罐派和香蕉冰淇淋盛在盤上，灑上可可粉。

30 馬斯卡波涅乳酪的軟糖巧克力 點綴糖漬柳橙生薑

【材料（14人份）】

〈軟糖巧克力〉

黑巧克力…150g　甜巧克力…150g
無鹽奶油…125g　全蛋…7個
砂糖…180g　低筋麵粉…50g
馬斯卡波涅乳酪…280g

〈柳橙生薑卡士達醬〉

蛋黃…2個　砂糖…50g
牛奶…250g　香草豆莢…1/4支
生薑…30g　柳橙皮…30g
柳橙果肉…60g

巧克力、咖啡系

27 秋天味覺的巧克力半圓造型

【材料】

〈松露冰淇淋〉

松露　牛奶　鮮奶油　蛋黃　洗雙糖　香草精…各適量

〈白舞蕈的醬汁〉

白舞蕈　白玉蕈　山伏茸　丁香　肉桂　肉豆蔻
肉豆蔻乾皮（和肉豆蔻相同的辛香料）　小荳蔻　黑胡椒
水…各適量

〈裝飾〉

煮帶膜的栗子　半圓球巧克力

【作法】

〈松露冰淇淋〉

①在牛奶中加入松露煮沸後使其冒出香味。在蛋黃中加洗雙糖以插底攪拌，再倒入加熱的牛奶。又再度開火慢慢地加熱到變濃稠後，隔冰水冷卻，冷卻後加香草精。
②把鮮奶油打發起泡，和①的麵糰一起混合，再倒入模型內冷凍。

〈白舞蕈的醬汁〉

在鍋內不放油直接去炒蕈類，加入材料的辛香料以糖漿加以熬煮，再加水煮到沸騰。

〈裝飾〉

盤子放煮帶膜的栗子、炒過的松露，盛上半圓球的巧克力。趁熱把白舞蕈的醬汁淋在上面。

28 熱巧克力和優格冰淇淋

【材料（小陶盅9個份）】

〈鮮奶油巧克力克林姆〉

庫貝爾巧克力…200g　鮮奶油…100g
奶油…40g　竹鶴（日本酒）…適量

〈巧克力麵糰〉

庫貝爾巧克力…140g　蛋黃…4個（白砂糖40g）
蛋白…4個（白砂糖80g）　低筋麵粉…20g

〈優格冰淇淋〉

鮮奶油…80g　白砂糖…80g
糖稀…20g　無糖優格…500g
檸檬汁…1個分　檸檬的表皮磨泥…1個分

【作法】

〈鮮奶油巧克力克林姆〉

將溶解的庫貝爾巧克力鮮奶油、奶油、竹鶴（日本酒）混合以後，放入冰箱冷卻。

〈巧克力麵糰〉

①分別在蛋黃、蛋白中加入分量的白砂糖混合，然後再全部混合在一起，加入溶解的庫貝爾巧克力混合。

〈克林姆〉

①把蛋黃和白砂糖混合到發白且濃稠。
②把蛋白和白砂糖混合到蛋白糖霜狀。
③在均勻混合成克林姆狀的馬斯卡波涅乳酪中加入①，再把②分3次加入輕輕混合。
④在模型內鋪上淋有濃縮咖啡和藍姆酒的麵糰，再倒入③的克林姆，然後放入冰箱冷凍。

〈裝飾〉

從模型內取出提拉米蘇切開後盛盤，從上面灑上可可粉來提供。

32 濃縮咖啡的法式冰沙聖代

【材料】

〈法式冰沙（20人份）〉

濃縮咖啡…1L　白砂糖…200g

〈力可達乳酪克林姆〉

力可達乳酪…100g　鮮奶油…200cc　白砂糖…40g

〈裝飾〉

發泡奶油　咖啡粉

【作法】

〈法式冰沙〉

在萃取出的咖啡液中，溶解白砂糖，等去除高熱之後倒入盤內然後放入冰箱來冷卻凝固，等完全凝固變硬以後再以叉子敲碎。

〈力可達乳酪克林姆〉

在鮮奶油中加入白砂糖打發到8分起泡，和在室溫回軟的力可達乳酪一起混合。

〈裝飾〉

在玻璃杯內依序把法式冰沙、力可達克林姆重疊三層地盛上，上面放發泡奶油，灑上可可粉。

33 裝滿堅果和巧克力鮮奶油的蛋塔和咖啡雪泥

【材料（8人份）】

〈塔皮麵糰〉

奶油…550g　低筋麵粉…375g
高筋麵粉…375g　杏仁粉…100g
白砂糖…325g　蛋…150g　鹽…少量

〈焦糖堅果〉

杏仁…400g　腰果…200g
核桃…200g　白砂糖…80g　水…適量
奶油…10g　巧克力…30g

〈巧克力餡料〉

巧克力（可可56%）…230g
鮮奶油…250cc　奶油…35g
格蘭瑪麗亞橙皮酒（柳橙利口酒）…5cc

〈裝飾〉

棒狀派　香草冰淇淋
水果　可可粉　糖粉

【作法】

〈軟糖巧克力〉

①在缽內放2種的巧克力和無鹽奶油，隔熱水加熱邊溶化邊混合。
②在另一缽內把全蛋、砂糖全部就像打發起泡一般來加以混合。
③在②中把①分2次加入，在避免泡沫消失下輕輕混合。
④在③中加入低筋麵粉混合。
⑤把一半的④倒入中空模內。
⑥在⑤的中央放入馬斯卡波涅乳酪，從上面倒入剩下的麵糊。
⑦把⑥放入220℃的烤箱內烘烤8分鐘。

〈柳橙生薑卡士達醬〉

①把蛋黃和砂糖放入缽內，充分混合。
②在鍋內放入牛奶和香草豆莢，然後加熱到大約80℃的溫度即可。
③邊把 ②慢慢地加入①邊混合。
④把③再次倒回鍋內，以小火煮到濃稠後離火，移到③內隔冰水冷卻。
⑤把切細絲的柳橙皮和生薑，從冷水開始煮到沸騰後，再放在濾盆內用冷水加以冷卻，如此的作業要反覆地進行約4次。
⑥把⑤加入④中，然後放入切成小塊的柳橙果肉來加以混合。

〈裝飾〉

在容器內鋪上柳橙生薑卡士達醬，盛上水果和從模型中取出的軟糖巧克力，再附上棒狀派和香草冰淇淋，灑上可可粉、糖粉，點綴薄荷來提供。

31 義式冰淇淋提拉米蘇

【材料（20人份）】

〈麵糰〉

蛋黃…3個　蛋白…3個　白砂糖…90g
低筋麵粉…90g　蘭姆酒…適量　濃縮咖啡…適量

〈克林姆〉

馬斯卡波涅乳酪…500g
蛋黃…6個（白砂糖90g）
蛋白…6個（白砂糖90g）

〈裝飾〉

可可粉

【作法】

〈麵糰〉

①在蛋黃中加半量（45g）的白砂糖混合到發白且濃稠。
②在蛋白中加剩下的45g的白砂糖，混合成蛋白糖霜狀。
③把①和②混合，加入低筋麵粉混合後倒入模型內，放入180℃的烤箱內烘烤約10分鐘。
④在烘烤好的③上淋上蘭姆酒和濃縮咖啡。

〈作法〉

①把巧克力隔水加熱。

②在另一鍋內放入奶油和鮮奶油、糖稀，加入①的巧克力、燒酒、生薑汁加熱、混合。

③把②倒在平坦的盤上形成薄層，去高熱後再放入冰箱冷卻凝固。

〈裝飾〉

用求肥把冷卻且切成一口大小的巧克力，和牛奶冰淇淋包起來，盛盤後灑上糖粉，以覆盆子、藍莓加以裝飾。

35 巧克力醬鍋 ~搭配冰涼水果和棉花糖~

【材料(1人份)】

甜巧克力…100g　牛奶…80cc

鮮奶油…40cc　棉花糖　香蕉　草莓

芒果　玉米片

〈作法〉

①把甜巧克力、牛奶、鮮奶油加以混合，煮溶。

②把香蕉、芒果剝皮，切成適當大小，和草莓、棉花糖分別串起，放入冰箱冷凍。

③把①倒入容器內，在餐桌上以固體燃料加熱，把②插入冰中加以盛盤，再附上玉米片。

〈咖啡冰沙〉

鮮奶油…400cc　濃縮咖啡…30cc

即溶咖啡…5g　蛋白…150g　白砂糖…130g

〈裝飾〉

卡士達醬　果醬　新鮮水果

【作法】

〈塔皮麵糰〉

①在過篩的低筋麵粉、高筋麵粉、杏仁粉中，加入白砂糖和鹽混合均勻。

②將切成1.5cm丁狀冷卻的奶油放入①中，再放入打汁機內打到細微狀。此時要避免使奶油溶解。

③把②放入缽內，加入蛋混合以後，再放入冰箱，時間最少要3小時。

④把③壓扁鋪在模型內，放置一會後，再放入200℃的烤箱中烘烤35分鐘。

〈焦糖堅果〉

①把杏仁、腰果、核桃放入160℃的烤箱中烘烤30分鐘，在中途要勤快地翻動使其均勻地受熱。

②把白砂糖和水放入鍋內，開火煮沸到約120℃。

③把①放入②中，一邊加熱到成焦糖狀，一邊加入奶油和巧克力混合。

〈巧克力餡料〉

①在鋪有塔皮麵糰的模型內，放入焦糖堅果。

②把鮮奶油、奶油、格蘭瑪麗亞橙皮酒放入鍋內，然後開火煮沸。

③把切碎的巧克力(可可56%)放入②中溶解，一邊加溫一邊混合。

④把③倒入①的塔皮麵糰上，放入冰箱冷卻。

〈咖啡冰沙〉

①把鮮奶油充分打發起泡。

②把濃縮咖啡、即溶咖啡加以混合，在此時加入①輕輕的混合。

③以蛋白、白砂糖來製作義式蛋白糖霜。

④在②中加入③，混合以後放入冰箱冷卻凝固。

〈裝飾〉

把巧克力餡料從塔模型內取出切開之後，和咖啡冰沙一起盛在容器內，點綴上水果，最後淋上醬汁類來提供。

34 生薑風味的生巧克力 如雪見大福點綴天使的誘惑

【材料(10人份)】

〈生巧克力〉

半甜巧克力…300g　鮮奶油…150cc

無鹽奶油…50g　糖稀…10g　燒酒(天使的誘惑)…36cc

生薑汁…1小匙

〈裝飾〉

牛奶冰淇淋…適量　求肥(和果子的一種)…10片

糖粉…1小匙　覆盆子藍莓

蛋、乳製品、冰淇淋系

36「日本第一的柳橙蛋」的雞蛋布丁

【材料】
蛋、牛奶、香草豆莢、白砂糖、韓國酒、焦糖醬、紅葡萄酒…各適量

〈裝飾〉
發泡奶油、薄荷

【作法】
①把蛋用剝蛋殼機剝下蛋殼，取出蛋液（蛋殼當作容器），蛋汁打散。
②把牛奶放入鍋內，加入香草豆莢開火溫熱。
③在②中加入白砂糖溶解後，慢慢地加入蛋汁混合。
④把③過濾，完全冷卻後加入韓國酒。
⑤以白砂糖製作蛋白糖霜，在此加入紅葡萄酒。
⑥在①的蛋殼內，倒入⑤的焦糖和④的布丁液，放入對流式烤箱中以低溫花費長時間蒸熟。
⑦把⑥盛盤，上面盛發泡奶油，點綴薄荷。

37 阿波三盆糖的法式牛奶布丁 佐核桃蜂蜜和甜栗的醬汁

【材料（10人份）】
〈法式牛奶凍〉
牛奶…400cc　鮮奶油…300cc　水…150cc
三盆糖…55g　板狀明膠…1片（用水泡軟）

〈醬汁〉
蜂蜜…100cc　核桃…20g　栗子…20g

〈裝飾用〉
混合莓類…20g

【作法】
①製作法式牛奶凍。把牛奶、鮮奶油、水、三盆糖放入鍋內加熱，充分混合，再加用水泡軟的板狀明膠以後熄火去高熱之後把1人份倒入冷卻模內，最後放入冰箱冷卻凝固。
②製作醬汁。把核桃放入170℃的烤箱中烘烤8分鐘，栗子蜜煮過，再用噴槍將表面烤出焦色，分別加入蜂蜜做成醬汁。
③把①從冷卻模中取出盛盤，淋上②的醬汁，以混合莓類裝飾之。

38 紅芋醋的冰品

【材料（15人份）】
鮮奶油（乳脂肪30％）…1L
白砂糖…75g　蛋黃…5個　紅芋醋…250cc

【作法】
①把蛋黃和白砂糖加以混合後，再和煮沸的鮮奶油混合，然後隔冰水冷卻。
②在①中加入紅芋醋，再放入製冰淇淋機內製作冰淇淋。

39 添加焦糖慕斯的 香草冰淇淋

【材料（3人份）】
白砂糖…70g　水…150cc　鮮奶油…200cc
牛奶…50cc　板狀明膠…6g

〈裝飾〉
香草冰淇淋、發泡奶油、草莓、薄荷、黑蜜…全部均適量

【作法】
①在鍋內放入白砂糖再加入30cc的水量，加熱煮焦作成焦糖狀。加入剩下的水後，放涼。
②把用水軟化的明膠和牛奶混合，鮮奶油打發6分起泡。
③在①中加入②的牛奶和鮮奶油混合後，倒入容器內冷卻凝固。
④在③上面盛上香草冰淇淋和發泡奶油、草莓、薄荷，淋上黑蜜。

40 濃稠的法式吐司 搭配椰子和鳳梨冰沙

【材料】
吐司、蛋、牛奶、香草精、奶油、醬汁（柚子蜜水）、藍莓、椰子和鳳梨的冰沙…各適量

【作法】
①在缽內把蛋打散，放入牛奶，加香草精充分混合。
②把土司切成10cm的正方形，浸泡在①中。
③在鐵板上溶化奶油，將②放在其上燒烤，然後以夾子邊挾著吐司的各面來均勻地烤出焦色，最後蓋上蓋子輕輕蒸熟。
④蒸過之後，就在表面均勻地灑上白砂糖，再以噴槍烤出焦色。
⑤在容器內鋪上以柚子蜜和水混合作成的醬汁，盛上法式吐司，點綴藍莓、椰子和香蕉的冰沙來提供。

41 柚子風味的輕乳酪蛋糕 ~搭配柚子冰沙~

【材料（5人份）】
〈輕乳酪蛋糕〉
奶油乳酪…200g　柚子果醬…200g　牛奶…100cc
板狀明膠…5g　鮮奶油…200cc
白砂糖…20g　海綿蛋糕…適量

〈裝飾〉
柚子冰淇淋、草莓、薄荷…各適量

【作法】
①將西印度櫻桃汁加以冷凍。
②將紅茶、蔓越莓汁、石榴糖漿、檸檬汁放入雪克杯中作成雞尾酒。
③在容器內盛上香草冰淇淋，在上面淋上以挫冰機削成挫冰的①。以水果和薄荷加以裝飾，再附上②的雪克杯來提供，然後在客人面前淋上就完成。

45 當地啤酒冰淇淋

【材料(15人份)】
鮮奶油…200g　牛奶…100g　黑啤酒…700g
全蛋…1個　蛋黃…4個　白砂糖…75g　黑胡椒
【作法】
①把蛋黃和白砂糖以擦底混合後，加入牛奶、鮮奶油、全蛋混合，煮到在快煮沸之前熄火放涼。
②把黑啤酒倒入①中，放入製冰淇淋機中製作冰淇淋。
③把冷卻凝固的②盛盤，最後灑上黑胡椒。

46 彈性十足的牛奶布丁 含有大量的果肉和桃子果凍

【材料】
牛奶、椰奶、板狀明膠、白砂糖
白桃醬(白桃、糖漿)、白桃、新鮮藍莓…各適量
【作法】
①把牛奶和椰奶放入鍋內，開火加熱。
②在①中加入白砂糖，再加用水泡軟的板狀明膠，等明膠溶化後過濾。
③邊把②隔冰水冷卻邊混合到去高熱，等完全冷卻後放入冰箱冷卻凝固。
④把白桃切碎和糖漿混合製作白桃醬。
⑤把③盛在玻璃杯內，從上面淋上白桃醬，放上切成1/8片的白桃，點綴上藍莓和薄荷。

47 朝鮮酒與覆盆子和草莓及 韓國辣椒、柑橘、白蘇葉、檸檬

【材料】
〈朝鮮酒與覆盆子和草莓〉
朝鮮酒
覆盆子(把新鮮水果以打汁機打成果汁)
草莓(把新鮮水果以打汁機打成果汁)
檸檬(把新鮮水果以榨汁機榨成汁)
白砂糖…各適量

〈韓國辣椒、柑橘〉
韓國辣椒(果實)
柳橙(把新鮮水果以榨汁機榨成汁)
鳳梨(把新鮮水果以打汁機打成果汁)
檸檬(把新鮮水果以榨汁機榨成汁)
白砂糖…各適量

【作法】
①把在室溫回軟的奶油乳酪和柚子果醬用食物調理機加以混合。
②把用水泡軟的明膠加入牛奶中混合。另外把鮮奶油和白砂糖混合打發8分起泡。
③在①中加入②混合。
④在模型內鋪上海綿蛋糕，將③倒入。最後放入冰箱使其冷卻凝固。
〈裝飾〉
把④切成適當大小而盛盤。點綴上柚子冰淇淋，以草莓和薄荷裝飾之。

42 搭配彩色冰淇淋的泡芙

【材料(1人份)】
泡芙皮(烘烤好的)…2個分
抹茶冰淇淋、香草冰淇淋、黑醋栗冰淇淋
卡士達克林姆、發泡奶油、莓類醬汁…各適量
【作法】
把泡芙皮切成兩半，點綴上3種的冰淇淋、卡士達克林姆、發泡奶油而盛盤，最後淋上莓類醬汁。

43 西班牙的巴魯帝旺乳酪冰淇淋 點綴蘋果凍

【材料(5人份)】
巴魯帝旺乳酪(藍黴乳酪)…75g　牛奶…350cc
白砂糖…60g　蛋黃…5個分　白砂糖…60g
鮮奶油…150cc
【裝飾】
蘋果凍(※)適量、核桃
【作法】
①把巴魯帝旺乳酪和白砂糖、牛奶用火煮到完全溶化。
②把蛋黃和白砂糖以擦底混合到發白且濃稠狀。一邊將①慢慢地加入一邊混合以後，再移到另一鍋內。
③把②開火去煮，攪拌到稍為濃稠度。
④離火後去除高熱，加入起泡的鮮奶油，放入冰箱冷卻凝固，在途中每隔1小時放入打汁機內混合，此一作業反覆進行4~5次製作冰淇淋。
⑤把蘋果凍放入容器內，從上面盛上④的冰淇淋，再灑上核桃。
※(蘋果凍的作法)
在透明的蘋果汁內加入約蘋果汁的1%量用水泡軟的板狀明膠，然後冷卻凝固。

44 Canon的刨冰

【材料(1人份)】
紅茶(木槿)…60cc　蔓越莓汁…20cc
石榴糖漿…10cc　檸檬汁…5cc
西印度櫻桃汁、香草冰淇淋、薄荷…各適量

⑥把⑤倒入模型內，邊隔著水邊放入130℃的烤箱內加熱40分鐘，約90%蒸熟後從烤箱中取出，依靠熱水之餘熱使其完全蒸熟。去除高熱後放入冰箱冷卻凝固。

〈裝飾〉

提供時，將⑥切成適當的大小，然後在表面上以噴槍烘烤出焦色並增添香味。盛盤後，淋上英式奶油醬汁和柳橙醬，再以水果和薄荷加以裝飾，最後灑上糖粉。

（英式奶油醬汁的作法請參照P93No.54）

※（柳橙醬的作法）

把柳橙醬加以熬煮後，加入蜂蜜和水溶的玉米澱粉。

50 柔軟的南瓜布丁 搭配大溪地產的香草冰淇淋

【材料(6人份)】

〈南瓜布丁〉

南瓜…210g　牛奶…250cc

鮮奶油…210cc　香草豆莢…1/4支

全蛋…3個　蛋黃…1個　白砂糖…90g

焦糖醬…適量

〈香草冰淇淋〉

牛奶…600cc　鮮奶油…200cc

香草豆莢…1/2支　蛋黃…8個　白砂糖…180g

香草的豆莢(乾燥的)…5g　白砂糖…50g

〈裝飾〉

把白餡和酸奶油加以混合的材料

糖漬蘋果、巧克力

【作法】

〈南瓜布丁〉

①把去皮去種籽的南瓜切成3cm的丁狀，和牛奶、鮮奶油香草豆莢（香草的豆莢要事先去除掉）一起放入鍋內開火去混合。

②當①中的南瓜煮軟後離火，馬上移到另一缽內，以手提攪拌器把南瓜攪拌成泥狀。

③在缽內把全蛋、蛋黃、白砂糖全部混合均勻，再加入②一起混合。

④把③倒回鍋內開火，加熱到80℃左右離火並過濾。

⑤在小陶盅模型內鋪上焦糖醬，倒入④　。

⑥把⑤隔著水，放入140℃的烤箱內烘烤40分鐘，烤好後放入冰箱冷卻。

〈香草冰淇淋〉

①把牛奶、鮮奶油、香草豆莢放入鍋內，開火加熱。

②把白砂糖50g和乾燥的香草豆莢，事先放入打汁機內作成香草糖，然後再加蛋黃、白砂糖180g混合均勻。

③把①和②一邊混合，一邊以小火慢慢地加熱到83℃，在此要以細網目的濾網過濾，等充分冷卻以後，再放入製冰淇淋機中作成冰淇淋。

〈裝飾〉

把南瓜布丁從模型中取出，和香草冰淇淋一起盛在容器內，然後在冰淇淋上面擺放巧克力，在布丁上面淋上加白餡的酸奶油，再點綴糖漬蘋果來提供。

〈白蘇葉、檸檬〉

白蘇葉（切碎）

檸檬（以榨汁機榨成汁和果肉）

白砂糖、蘋果（果汁）…各適量

【作法】

把各種類的全部材料加以混合後，放入製冰淇淋機內製作冰淇淋。

48 聖誕蠟燭甜點

【材料】

〈草莓克林姆〉

鮮奶油　草莓醬汁　砂糖

〈裝飾〉

海綿蛋糕、可麗餅皮、發泡奶油

國產草莓、焦糖冰淇淋

蕃薯（切薄片後油榨）、巧克力片

醬汁3種（巧克力、抹茶、覆盆子）

咖啡凍（切丁狀）

美洲山核桃…各適量

【作法】

①把草莓克林姆的材料全部加以混合。草莓要切丁狀。

②在海綿蛋糕上盛上①的草莓克林姆和草莓，作成細條蛋糕捲，然後在其外側捲上可麗餅皮。

③把②的可麗餅蛋糕捲切開，將其豎立在擠有發泡奶油的盤子上，然後在其頂端裝飾草莓作成如點燃火苗的蠟燭般。最後把焦糖冰淇淋盛在旁邊，其他裝飾用的材料也一併裝飾之。

49 冷凍乳酪蛋糕 搭配冰沙

【材料】

〈冷凍乳酪蛋糕 (6~7人份)〉

奶油乳酪…175g　無鹽奶油…15g　蛋黃…2個分

白砂糖…35g　蛋白…2個分　白砂糖…50g

牛奶…125cc　玉米澱粉…20g　檸檬汁…適量

〈裝飾〉

英式奶油醬汁、柳橙醬※、水果、薄荷、

糖粉…各適量

【作法】

①把奶油乳酪和無鹽奶油在室溫回軟後，混合成泥狀。

②把蛋黃和白砂糖35g混合到發白且濃稠狀。

③把蛋白和白砂糖50g打發作成蛋白糖霜狀。

④把①和②混合，依序加入玉米澱粉、牛奶，攪拌到大致混合。

⑤接著把③的蛋白糖霜分數次加入，大致混合到約70%程度時，再加入檸檬汁混合。

牛奶…250cc　鮮奶油…750cc　黑糖…130g
蛋黃…12個分　白砂糖…70g

〈黃豆粉冰淇淋（25人份）〉
牛奶…1L　蛋黃…8個分　白砂糖…150g
鮮奶油…100cc　黃豆粉…適量

〈英式奶油醬汁〉
蛋黃…4個分　白砂糖…80g　牛奶…500cc
香草豆莢…1/2支

〈裝飾〉
粗糖、自製黑蜜、薄荷…各適量

【作法】
〈黑糖焦味卡士達甜點〉
①把牛奶和鮮奶油、黑糖放入鍋內加熱到黑糖完全溶化。
②把蛋黃和白砂糖放入缽內混合，①慢慢一點點地加入攪拌混合並過濾。
③倒入模型內，放入100℃的烤箱內烘烤40分鐘，烤到約8、9分熟後取出，依靠餘熱使其全熟，去高熱後放入冰箱冷卻。

〈黃豆冰淇淋〉
①把白砂糖和蛋黃、黃豆粉放入缽內，攪拌到濃稠狀。
②把牛奶煮沸以後，再慢慢地加入①中來攪拌，等全部混合之後再移到鍋內，以中火慢慢加熱。因為蛋煮熟的時候會產生濃度，因此要離火後過濾，最後隔冰水冷卻。
③把鮮奶油打發約8分起泡，加入去高熱的②中，再放入製冰淇淋機內加以攪拌。

〈英式奶油醬汁〉
①把蛋黃和白砂糖攪拌到濃稠狀。
②在牛奶中加入香草豆莢的皮和取出的種籽，加以煮沸。
③在①中慢慢地加入②混合，等全部混合之後再移到鍋內，以中火慢慢地加熱，因為蛋煮熟的時候會產生濃度，因此要離火後過濾，最後隔冰水冷卻。

〈裝飾〉
當有人點菜的時候，才會在黑糖焦味卡士達甜點上灑上粗糖，以噴槍燒烤表面，再放入冷凍庫內冷卻使其表面凝固，然後放上黃豆粉冰淇淋，最後淋上自製黑蜜、香草醬，以薄荷裝飾。

55 開心果湯圓和有機紅豆餡添加黑糖燒酒的香味

【材料(10人份)】
〈開心果湯圓〉
糯米粉…200g　水…160cc　開心果泥…5g

〈牛奶寒天〉
牛奶…500cc　寒天粉…4g　有機糖…20g

〈黑蜜〉
黑砂糖…800g　有機糖…400g
糖稀…200g　水…1800cc　黑糖燒酒…適量

〈甜煮黑米〉
黑米…100g　有機糖…180g　水…180cc

和風甜點

51 鬆軟黑糖蕨菜餅~搭配黑芝麻冰淇淋~

【材料(10人份)】
純蕨餅粉…120g　黑糖…300g　水…900cc

〈裝飾〉
黃豆粉(和糖粉相同的比例)、黑芝麻冰淇淋
發泡奶油、草莓、薄荷…各適量

【作法】
①把純蕨餅粉和黑糖、水放入鍋內，邊以小火煮40分邊混合攪拌後，倒入模型內冷卻凝固。
②將①的麵糰用湯匙舀一口大小盛盤，灑上加黃豆粉的糖粉，點綴上黑芝麻冰淇淋、發泡奶油，再以草莓和薄荷加以裝飾。

52 薄片麻糬的甜味涮涮鍋

【材料(1人份)】
切薄片的麻糬…60g　黃豆粉、黑蜜※、黃豆冰淇淋※、草莓、鳳梨、橘子(罐頭)、薄荷…各適量

【作法】
把黃豆冰淇淋、黃豆粉、黑蜜、切薄片的麻糬、水果類盛在容器上，附上以固體燃料所加熱的湯鍋來提供(※黃豆冰淇淋的作法在No.54，黑蜜是參照P94的No.56)

53 蕎麥粒法式牛奶布丁

【材料(5人份)】
牛奶…250g　白砂糖…40g　蕎麥粒…3g
板狀明膠…4g　鮮奶油…80g

【作法】
①把牛奶放入鍋內，以中火煮到快沸騰前熄火。
②在①中加入白砂糖和細碎的蕎麥粒，然後加蓋蒸大約15分鐘左右。
③在②中加入板狀明膠，隔冰水溶化後冷卻。
④在③中加入鮮奶油一起混合以後，再倒入容器內放入冰箱冷卻。
⑤從④的容器內舀出所需之分量盛在容器內來提供。

54 黑糖焦味卡士達甜點和黃豆粉冰淇淋

【材料】
〈黑糖焦味卡士達甜點(15人份)〉

【作法】

〈和風提拉米蘇〉

①把白砂糖和蛋黃攪拌混合到濃稠狀。
②在放在室溫回軟的馬斯卡波涅乳酪中，加入①一起混合。
③把板狀明膠用水泡軟後，隔熱水溶化加入②，然後放涼凝固到和打發8分起泡的鮮奶油相同之軟硬度。
④在③中加入打發8分起泡的鮮奶油，輕輕混合。
⑤將蛋白糖霜用的蛋白、白砂糖混合做成蛋白糖霜，再和④混合。
⑥在冷卻模內，先鋪上海綿蛋糕，再淋上黑蜜使其滲入，然後在其上面重疊盛上紅豆餡、⑤的克林姆，在其上面再鋪上海綿蛋糕，使黑蜜滲入、再放上⑤。最後放入冰箱冷卻。

〈裝飾〉

將⑥的提拉米蘇，以較大的湯匙舀起盛盤。點綴上香草冰淇淋，灑上抹茶粉，淋上覆盆子醬和英式奶油醬汁，最後以水果和薄荷裝飾。
（※英式奶油醬汁的作法請參照P93的No.54）

58 南高梅輕乳酪蛋糕

【材料】

奶油乳酪、白砂糖、鮮奶油…各適量
紀洲南高梅醃梅乾　海綿蛋糕麵糰

〈裝飾用〉

綠紫蘇葉、柳橙皮、枸杞、紀洲南高梅醃梅乾

【作法】

①把奶油乳酪放在室溫下回軟後擠壓過濾。南高梅去種籽後擠壓過濾。
②在①的乳酪中加入白砂糖混合，再加入鮮奶油、擠壓過濾的南高梅醃梅乾後混合均勻。
③在中空模內鋪上海綿蛋糕麵糰，倒入②。最後放入冰箱冷卻凝固。

〈裝飾〉

在盤上鋪上綠紫蘇葉，盛上從中空模中取出的蛋糕，上面裝飾南高梅醃梅乾、柳橙皮、枸杞。

59 日式湯圓雪泥

【材料】

發泡奶油　玉米片　湯圓　黑蜜　抹茶冰淇淋
糖漬水果　草莓　甘露煮甜栗　薄荷　餅乾棒…2支

【作法】

在玻璃杯內盛上發泡奶油、玉米片、湯圓、抹茶冰淇淋、糖漬水果，再淋上黑蜜，再以甘露煮甜栗、草莓、薄荷、餅乾棒加以裝飾。

〈裝飾用（1人份）〉

有機紅豆餡…20g
泡盛葡萄乾冰淇淋、覆盆子…1粒
藍莓…3粒　薄荷…適量

【作法】

〈開心果湯圓〉

把開心果泥和糯米粉、水混合製作麵糰，揉成湯圓狀後放入熱水中，浮起時再煮1~2分鐘，撈起後放入冷水中。

〈牛奶寒天〉

把牛奶和有機糖放入鍋內煮沸，邊煮沸邊加入用水泡開的寒天粉混合，倒入容器內冷卻凝固。

〈黑蜜〉

把黑砂糖和有機糖、糖稀、水放入鍋內慢慢地煮溶，保持此狀態以小火熬煮到剩下約2成製作黑蜜。

〈甜煮黑米〉

把黑米泡水一晚變軟，放入鍋內煮過後把水倒掉，加有機糖和定量的水再去煮。

〈裝飾〉

①在提供菜單之前才製作在黑蜜中加黑糖燒酒之醬汁。比例為黑糖燒酒1比黑蜜3。
②在容器內盛上甜煮黑米、湯圓和牛奶寒天，再放泡盛葡萄乾冰淇淋、有機紅豆餡、覆盆子、藍莓，裝飾上薄荷再淋上黑蜜。另外提供加燒酒的黑蜜醬汁。

56 黃豆粉冰淇淋大福

【材料】

求肥（和果子的一種）、黃豆粉冰淇淋、鮮奶油、砂糖
黑蜜（※）、糖粉…各適量

【作法】

求肥包住黃豆粉冰淇淋（作法請參照P93的No.54）後盛盤，淋上打發7分起泡加砂糖的鮮奶油、黑蜜，最後灑上糖粉。
（※黑蜜的材料和作法）
把黑糖和上白糖各100g、糖稀25.5g、水360cc混合加熱到均勻為止。

57 紅豆抹茶的和風提拉米蘇

【材料（6人份）】

〈和風提拉米蘇〉

馬斯卡波涅乳酪…150g　白砂糖…30g
蛋黃…1個分　板狀明膠…3g　鮮奶油…125cc
蛋白…1個分（蛋白糖霜用）　白砂糖…12g（蛋白糖霜用）
海綿蛋糕、紅豆餡、黑蜜（自製）…各適量

〈裝飾〉

香草冰淇淋、抹茶粉、覆盆子醬、英式奶油醬汁
水果（莓果系列等）、薄荷…各適量

亞洲、健康系

63 椰汁雪蛤膏（雪蛤和白木耳的椰奶）

【材料】

〈椰奶（30人份）〉

牛奶…3L　椰奶…1.2L
鮮奶油…300cc　桂花陳酒…少許
白砂糖…360g　水…600cc

【裝飾】

椰奶…150cc　雪蛤（乾燥的青蛙輸卵管）…5g
糖煮白木耳…50cc

【作法】

〈椰奶〉

把水和白砂糖混合後加熱製作糖漿，然後加入牛奶和椰奶、鮮奶油、桂花陳酒一起混合，先過濾一次去除高熱後，放入冰箱冷卻。

〈裝飾〉

①雪蛤浸泡一晚變軟，洗掉污穢後稍為川燙一下，之後浸漬在糖漿中約1小時以上。
②在容器內放入①和糖煮白木耳、椰奶，全部蒸到溫熱程度即可。
※（糖煮白木耳的作法請參照P96的No.68）

64 豆花

【材料（5人份）】

〈豆花〉

豆奶…500cc　明膠粉…10g　脫脂奶粉…80g
鮮奶油…50cc

〈糖漿〉

砂糖…50g　水…100cc　生薑（薄片）…10g

【作法】

〈豆花〉

把豆奶和脫脂奶粉放入鍋內加熱，加入明膠煮溶後，再加鮮奶油，以濾網過濾到容器內冷卻。

〈糖漿〉

把砂糖、水、生薑放入鍋內煮沸後放涼。

〈裝飾〉

把豆花盛在玻璃杯內，淋上糖漿，上面點綴薄荷提供。

65 鳳梨布丁（越南布丁）

【材料（5人份）】

全蛋…3各　蛋黃…5個　煉奶…120cc
溫水…240cc　砂糖…25g　香草…適量

60 豆奶黑糖布丁佐黑芝麻醬

【材料】

〈豆奶黑糖布丁〉

豆奶　黑糖　板狀明膠（用水泡軟）

〈黑芝麻醬〉

芝麻醬　蜂蜜　水

〈芝麻薄餅〉

無鹽奶油　牛奶　糖稀　白砂糖　黑芝麻　白芝麻

【作法】

〈豆奶黑糖布丁〉

①在鍋內放入豆奶和黑糖，在開火之前要先充分的攪拌，盡量使黑糖溶解，開火以後使黑糖完全溶化，並且在煮沸前就要熄火。
②把用水泡軟的板狀明膠加入①中溶解，先過濾一次，邊隔冰水冷卻，邊用橡皮刮刀混合到濃稠狀。
③把②倒入容器內，放入冰箱冷卻凝固。

〈黑芝麻醬〉

把黑芝麻醬和蜂蜜、水放入鍋內，攪拌成醬汁狀。

〈芝麻薄餅〉

把奶油溶解後，和牛奶、糖稀、白砂糖、黑芝麻、白芝麻一起混合，然後用湯匙滴落在烤盤上成圓形，放入150℃的烤箱內烘烤成香脆薄餅。

〈裝飾〉

在布丁上裝飾芝麻薄餅，另外提供黑芝麻醬。

61 八岐梅酒果凍

【材料】

白砂糖　水　板狀明膠（用水泡軟）
八岐梅酒　枸杞　薄荷

【作法】

①在鍋內放入白砂糖和水開火煮沸，再放入用水泡軟的板狀明膠加以溶解。
②把①過濾後，隔冰水冷卻到皮膚溫度時加入梅酒，再邊隔冰水冷卻，邊用橡皮刮刀混合，充分混合均勻後倒入盤內，放入冰箱冷卻凝固。
③提供前才從冰箱取出，用湯匙攪碎，盛在容器內，以枸杞和薄荷加以裝飾。

62 Canon式草莓大福

【材料】

求肥（和果子的一種）、香草冰淇淋、紅豆餡
草莓果醬、草莓、覆盆子醬（或草莓醬）
巧克力醬、薄荷…各適量

【作法】

①在求肥上放上香草冰淇淋、紅豆餡、草莓果醬後再包成球狀。
②把①放在容器上，灑上切碎草莓顆粒，淋上覆盆子醬和巧克力醬，再以薄荷裝飾。

68 雪耳豆花
（在蒸熟的豆花中加入白木耳的熱甜點）

【材料（1人份）】

〈糖煮白木耳〉

白木耳（乾燥）…100g　水…適量　水…3L
粗糖…900g　生薑片…5片

〈裝飾〉

糖煮白木耳…150cc　豆奶（原味）…150cc
鹽鹵…1.5cc

【作法】

〈糖煮白木耳〉

①把白木耳浸泡在大量水中一晚泡軟。
②去掉根的硬部分然後去煮。
③把粗糖和水3L、生薑片放入鍋內煮沸使粗糖溶解，加入②的白木耳再度煮沸後熄火，確定味道。
④蓋上保鮮膜放入蒸籠蒸4小時。

〈裝飾〉

①把豆奶和鹽鹵混合均勻，倒在容器上，以蒸鍋用小火蒸10分鐘。
②把糖煮白木耳加熱後，淋在①上面。

69 黑米布丁

【材料（5人份）】

〈黑米布丁〉

黑米…50g　水…220cc　砂糖…100g　明膠…17g
煉奶…1大匙　牛奶…50cc　水…270cc

〈椰醬〉

椰奶…100cc　砂糖…1大匙
水溶太白粉…適量

【作法】

〈黑米布丁〉

①在黑米中放入220cc的水，以對流式烤箱蒸60分鐘。
②把牛奶、煉奶、270cc的水、砂糖放入鍋內加熱。把明膠煮溶之後，加入①的黑米中。最後倒入布丁的容器內冷卻凝固。

〈椰醬〉

把椰奶、砂糖一起放入鍋內加熱，以水溶太白粉勾芡。

〈裝飾〉

把布丁盛在容器內，在上面淋上椰醬提供。

70 加綠豆湯圓的越南甜湯【熱甜湯】

【材料（2人份）】

〈CHE醬〉

椰奶粉…34g　水…200cc
椰子糖…1大匙　砂糖…250g

〈焦糖〉

砂糖…75g　水…80cc

【作法】

①以焦糖的材料製作焦糖，裝入布丁杯中。
②用溫水溶解煉奶。
③把全蛋、蛋黃、砂糖混合均勻以後，加入②一起攪拌混合，然後以濾網過濾，再倒入①的布丁杯中，以98℃蒸10分鐘。
④把布丁盛在容器內，上面放大量碎冰提供。

66 粉圓椰奶熱帶水果加荸薺

【材料（10人份）】

〈椰奶〉

椰奶…400cc　鮮奶油…200cc
砂糖…50g　牛奶…200cc　煉奶…100cc

〈材料〉

粉圓（以小火煮過）
熱帶水果（哈密瓜、芒果、草莓等）
染成紅色的荸薺、薄荷

【作法】

〈椰奶〉

把椰奶、鮮奶油、牛奶、煉奶、砂糖全部放入鍋內開火，沸騰後熄火，隔冰水冷卻。

〈裝飾〉

在容器內放切塊的熱帶水果和荸薺、粉圓，倒入椰奶，點綴薄荷提供。

67 摩摩喳喳
（黑豆、紅豆、綠豆、紫米、紅米、芋頭、椰奶的什錦甜湯）

【材料（10人份）】

黑豆、紅豆、綠豆、紫米、紅米…各40g
陳皮…2片　水…2.5L　芋頭…300g　椰奶…400cc
煉奶…100cc　蔗砂糖…100g　鹽…少許
粉圓…25g　鮮奶油…50cc

【作法】

①把黑豆、紅豆、綠豆、紫米、紅米全部泡水（分量外）等泡軟。
②芋頭去皮，將份量的一半切成7~8㎜的丁狀，油炸到全熟後，放入水中煮沸去掉多餘的油脂。
③把芋頭剩下的半量蒸到熟軟後，和椰奶一起放入打汁機內打碎。
④把①和陳皮一起放入水（2.5L）中，由冷水開始加熱，煮到沸騰大約1小時，要一邊煮一邊加入煉奶、蔗砂糖、鹽攪拌。
⑤在④中加入②和③加熱後熄火，再加入用水泡軟煮過的粉圓、鮮奶油混合後盛盤。

②把牛奶（材料的半量）開火溫熱，加入砂糖煮溶，再加入①的明膠液充分混合均勻。

③在②中加入芒果泥混合，一邊隔冰水冷卻，一邊加入剩下的牛奶、鮮奶油、白砂糖、香草精、櫻桃酒、檸檬汁混合，再倒入塑膠模型放入冰箱冷卻凝固。

〈裝飾〉

把杏仁豆腐和芒果布丁放入容器內，淋上糖漿，再以用水泡軟的枸杞和薄荷裝飾。

（※糖漿的作法請參照P98的No.76）

72 五穀紅豆湯

※可選擇熱的或冷的，照片中為冷的

【材料】

紅豆、綠豆、薏仁、糯米、黑米、白砂糖…各適量
蓮子（熱的）椰奶（冷的）

【作法】

①把紅豆、綠豆、薏仁、糯米、黑米浸泡在水中，先以蒸鍋蒸熟後，再和水、白砂糖一起放入鍋內煮到沸騰。

②「熱」時，加蓮子以熱的狀態盛在容器內提供。
「冷」時，將①放涼後盛在容器內再加椰奶提供。

73 龜苓膏

【材料】

龜苓膏的粉（粉狀）、水…各適量

〈糖漿　1人份〉

橘子汁…5cc　蜂蜜…50cc　熱水…50cc

【作法】

①把粉狀的龜苓膏用水溶解後，倒入容器內冷卻凝固。

②點綴上以橘子汁和蜂蜜、熱水混合做成的糖漿提供。

74 什果美藥糖水（含有藥膳食材的香港式甜湯）

【材料（1人份）】

紅棗…1個　龍眼（乾燥）…1個　杏仁…20粒
木瓜…適量　糖煮白木耳（※）…50cc
枸杞…適量

【作法】

①把紅棗去掉裡面的籽，木瓜去皮也隨意切塊，把紅棗和木瓜、龍眼、杏仁各別的蒸過，杏仁約要3小時，其他的約各1小時。

②把①的食材和各別的蒸汁少量地放入缽內混合，再加入糖煮白木耳。蒸到溫熱的程度後移到容器內，最後灑上泡軟的枸杞。

※（糖煮白木耳的作法請參照P96的No.68）

Pandanus（露兜樹葉）…2片　薑泥…適量

〈湯圓的皮〉

糯米粉…60g　水…50cc

〈綠豆餡〉

綠豆…125g　水…200cc　椰奶…40cc
砂糖…120g

〈裝飾〉

彩色粉圓（煮過）、花生粗粉

【作法】

〈CHE醬〉

把醬的材料全部放入鍋內，加熱溶解。

〈湯圓的皮〉

在糯米粉中加水，搓揉到如耳垂般的軟硬度做成湯圓。

〈綠豆餡〉

把綠豆泡在分量的水中一晚泡軟後。再移到鍋內開火煮，要煮到用手指就能夠壓碎的程度之後，加入椰奶、砂糖攪拌成為綠豆餡。

〈裝飾〉

①將湯圓的麵糰各少量地壓扁做成皮，把綠豆餡包住，放入熱水中煮到浮起後，即撈起泡入冷水中。

②在CHE醬內放入①的湯圓、彩色粉圓後去加熱。盛盤後，灑上花生粗粉提供。

71 杏仁香芒布甸（杏仁芒果布丁）

【材料（1人份）】

〈杏仁豆腐（20人份）〉

牛奶…1L　鮮奶油…300ml　明膠粉…22g
水…200cc　白砂糖…150g　杏露酒…少許
杏仁露

〈芒果布丁（20人份）〉

芒果泥（蘋果芒果）…400g　牛奶…700cc
鮮奶油…300cc　明膠粉…15g　水…100cc
白砂糖…150g　香草精　櫻桃酒…少許
檸檬汁…少許

〈裝飾〉

糖漿（※）、枸杞…各適量
薄荷

【作法】

〈杏仁豆腐〉

①把明膠粉用水（200cc）泡開，放入蒸鍋蒸溶。

②把牛奶（材料的半量）開火去煮，加入砂糖煮溶，和①的明膠液混合後，隔冰水去除高熱。

③在剩下的牛奶中加入鮮奶油、杏露酒、杏仁露混合，再加入②混合成為稠狀，隔冰水冷卻後，倒入塑膠模型內，放入冰箱冷卻凝固。

〈芒果布丁〉

①把明膠粉用水（100cc）泡開，放入蒸鍋蒸溶。

蔬菜、芋類

77 自製蔬菜冰品3種
（柚子和羅勒冰沙、牛蒡冰沙、無花果冰沙）

【材料】

〈無花果冰沙〉

無花果、洗雙糖、發泡葡萄酒、檸檬汁…各適量

〈柚子和羅勒冰沙〉

柚子醋、羅勒、牛奶、蛋白、洗雙糖…各適量

〈牛蒡冰沙〉

牛蒡、綿籽油、牛奶、鮮奶油、洗雙糖…各適量

【作法】

〈無花果冰沙〉

①無花果去皮和洗雙糖一起放入真空袋中醃漬一晚。

②把發泡葡萄酒（全體的半量）開火去煮，讓酒精揮發掉。

③把①和②、剩下的發泡葡萄酒、檸檬汁一起放入打果汁機內攪拌，等全部攪散之後再放入製冰淇淋機內製作冰沙。

〈柚子和羅勒冰沙〉

①在小鍋子內放入牛奶和洗雙糖煮沸後，放涼。

②把柚子醋和羅勒混合後放入打汁機內。

③把蛋白打發起泡。把①和②放入製冰淇淋機內，再加入蛋白混合，結凍。

〈牛蒡冰沙〉

①把牛蒡切薄片，以少量的綿籽油炒過，再加入牛奶煮到沸騰，使牛蒡的香味滲入牛奶中。

②在①中依照順序加入鮮奶油、洗雙糖煮到沸騰（直到洗雙糖溶解為止），等充分放涼之後再放入製冰淇淋機內。（在加入鮮奶油之後也要煮到沸騰，刻意使風味散發出來而出現牛蒡的味道和香味為其重點）。

78 綠紫蘇葉果凍

【材料（5人份）】

白葡萄酒…100cc　水…200g　白砂糖…50g

綠紫蘇葉…5片　柳橙…1/8個　檸檬…1/8個

板狀明膠…3.5g

季節的水果（糖漬柿子、葡萄柚、藍莓等）

【作法】

①把白葡萄酒放入鍋內煮沸，使酒精揮發掉。

②在①中加入水煮沸，在沸騰時加入白砂糖、綠紫蘇葉、柳橙、檸檬的果汁後，蓋上蓋子悶煮15分鐘。

③把②過濾。在此時加入明膠，溶解以後倒入缽內，隔冰水冷卻。

④放涼後盛盤，加上季節的水果提供。

75 什錦越南甜湯
(冰涼的湯圓)

【材料（2人份）】

〈醬汁①〉

冰糖…100cc　水…200cc

Pandanus（露兜樹葉）…1/2片

〈醬汁②〉

椰子粉…18g　水…200cc　砂糖…100g

〈裝飾〉

綠豆餡（※）　彩色粉圓　葛切　湯圓

各種水果（芒果、波蘿蜜、椰子果肉等）

碎冰

【作法】

①把醬汁①、②分別在鍋內加熱，煮溶砂糖。

②把彩色粉圓煮到熟軟後放入冰水，把葛切煮到變透明後放入冷水中。

〈裝飾〉

①把裝飾用的材料漂亮地盛在玻璃杯內，倒入能蓋住材料的醬汁①，在其上面輕輕倒入醬汁②，使椰子的白色和透明部分形成不同的2個層次。

②點綴上大量的碎冰和薄荷、楊桃提供。

※（綠豆餡的作法請參照P97的No.70）

76 豆汁羅漢果凍
(在豆奶中加入羅漢果風味柔軟的寒天)

【材料（12人份）】

〈糖漿〉

熱水…9　白砂糖…1kg　檸檬汁…2個分

豆奶（豆奶糖漿用）…適量

〈寒天〉

水…1.5L　羅漢果（乾燥）…1個　寒天絲…6g

〈裝飾〉

枸杞

【作法】

〈糖漿〉

①在筒狀鍋內放入熱水開火去煮，加入砂糖混合，等到完全溶解之後再以煮沸2~3分鐘之狀態加熱，再放涼。最後加入檸檬汁，去除高熱後放入冰箱冷卻。

②以豆奶和糖漿相同的比例去製作豆奶糖漿，最後放入冰箱冷卻。

〈寒天〉

①把羅漢果切開放入水中，以蒸鍋蒸煮60分鐘再過濾。

②把寒天絲泡水變軟，擠乾水分，加入①煮沸後再度過濾到容器內，去除高熱後放入冰箱冷卻凝固。

〈裝飾〉

用湯匙等挖取適當大小的寒天放入容器內，淋上豆奶糖漿，再以泡水變軟的枸杞裝飾。

81 馬鈴薯和菠菜的提拉米蘇

【材料】

〈克林姆〉

馬鈴薯、砂糖、馬斯卡波涅乳酪、卡士達醬
鮮奶油（無糖）…各適量

〈菠菜的磅蛋糕〉

抹茶、波菜、杏仁粉、全蛋、奶油、低筋麵粉
糖粉…各適量

〈裝飾〉

蓮藕片、香草冰淇淋

【作法】

〈克林姆〉

①馬鈴薯連皮一起去煮，煮好後趁熱搗碎，加入砂糖混合後，去除高熱。
②在①的馬鈴薯中加入馬斯卡波涅乳酪和卡士達醬一起混合。
③在②中加入鮮奶油混合即完成。

〈菠菜的磅蛋糕〉

①在室溫回軟的奶油中，加入糖粉和全蛋混合。
②在①中加入杏仁粉混合。
③菠菜用鹽水川燙以後要放入冷水中冷卻，然後放入打汁機內攪拌，去掉多餘的水分而且要打成細狀，再充分地濾乾水分。
④把③放入鍋內輕輕炒過，把②也放入鍋內，全體混合均勻。
⑤在④中加入過篩的低筋麵粉混合。
⑥把⑤倒入模型內，放入170℃的烤箱內烘烤50分鐘做成蛋糕基底。

〈裝飾〉

在玻璃杯內交互盛上磅蛋糕和克林姆成為層狀，最後在其上面擺放香草冰淇淋和蓮藕片即完成。

82 塗巧克力的金時蕃薯和千層派式的2種漂亮盛盤

【材料(10人份)】

〈塗抹巧克力的金時芋〉

金時芋…大的1條　砂糖…50g
水…300cc　巧克力…400g
柚子皮…適量　發泡奶油…300g

〈千層派〉

派皮麵糰…300g　肉桂粉…適量
白砂糖…50g　鮮奶油…200g
栗子利口酒…適量

〈裝飾〉

薄荷葉…30片
覆盆子※
米菓（沾黃豆粉、砂糖的）…適量

79 包栗子冰淇淋的蕃薯

【材料(20人份)】

蕃薯（鳴門金時）…2kg分
蛋黃…5個　三溫糖…200g　鮮奶油…5大匙
無鹽奶油…100g　栗子冰淇淋（市售品）

〈裝飾〉

英式奶油醬汁、巧克力醬、罐頭的栗子
薄荷…各適量

【作法】

①把切成丁狀的蕃薯加以煮到熟爛以後，再充分地濾乾水分備用。
②把蛋黃、三溫糖、鮮奶油、無鹽奶油一起放在較大的缽內混合，要趁①溫度還熱的時候加入，為了避免會不均勻所以要仔細地混合。
③用②包住在冷凍庫內完全凝固的栗子冰淇淋。
④把③再次放入冷凍庫內冷凍凝固。

〈裝飾〉

當有人點菜的時候，就將④從冷凍庫內取出，放在小烤箱內烘烤3~4分鐘。在容器上鋪英式奶油醬汁和巧克力醬，然後盛上溫熱的④，在其上面擺放鮮奶油和罐頭的栗子，再點綴上薄荷提供。

80 蕪菁慕斯

【材料】

〈優格醬〉

無糖優格、糖粉、蜂蜜、鮮奶油
奶油乳酪…各適量

〈蕪菁慕斯〉

蕪菁的果肉部分、糖粉、板狀明膠
鮮奶油（打發起泡的）、檸檬汁
義式蛋白糖霜（把蛋白打發起泡而加熱的）…各適量

【作法】

〈優格醬〉

優格醬是把全部的材料混合而成

〈蕪菁慕斯〉

①把蕪菁放入打汁機內打成粗粒。
②把①移到鍋內，以小火去煮，加入糖粉一起煮熬。
③在②中加入用水泡軟的板狀明膠，等溶解後離火，去除高熱。
④把打發起泡的鮮奶油放入③中混合。
⑤在④中加入義式蛋白糖霜大致混合之後，再加入檸檬汁調整味道。

〈裝飾〉

把優格醬和蕪菁慕斯放入容器內，從上面淋上香草醬，點綴上薄荷即完成。

【作法】

〈塗抹巧克力的金時芋〉

①把金時芋去皮，為方便塗抹巧克力而切成正方塊。
②把①切成正方塊的芋頭和其他剩下不規則的芋頭一起放入鍋內去煮，加入砂糖和水煮到柔軟，煮好後取出放在濾網上冷卻。
③在②中的正方塊芋頭，因為之後要塞入克林姆所以事先要在內側挖洞。
④把②中所切剩部分的芋頭，要趁熱擠壓過濾成細小狀而放涼。（在千層派中要使用）
⑤巧克力隔熱水加熱，邊混合邊溶解而調整溫度（使用塗抹專用的巧克力亦可）。塗抹在③上面
⑥在⑤的內側挖洞處，塞入打發起泡的鮮奶油。
⑦柚子皮稍微煮過後，再和焦糖混合，放在⑤的上面。

〈千層派〉

①把派皮麵糰桿薄，灑上白砂糖和肉桂粉烘烤後，切成長方形備用。
②把作巧克力的金時芋所剩下的發泡奶油，和在塗抹巧克力時擠壓過濾的金時芋和栗子利口酒一起混合。濃度靠克林姆來調節。
③把②的克林姆擠在派皮上，如此反覆重疊三層，最上面以米菓和薄荷加以裝飾。

〈裝飾〉

在容器內鋪上覆盆子醬，然後盛上千層派和巧克力的金時芋提供。
（※覆盆子醬的作法）
在覆盆子250g中邊加入檸檬汁和糖漿邊調整味道，以手提攪拌器攪拌。

83 南瓜和湯圓的韓式冷甜湯

【材料】

〈湯圓底湯〉

南瓜、米飯、水、椰奶、牛奶、白砂糖…各適量

〈頂飾〉

甘露煮栗子、葡萄乾、黑豆、松子、枸杞、湯圓…各適量

【作法】

〈湯圓底湯〉

①南瓜去種籽和皮厚切成薄片，和米飯、水煮到軟爛。
②把①放入打汁機內打成泥狀。
③在 ②中加入牛奶、椰奶、白砂糖，放涼。

〈頂飾〉

把湯圓底湯盛在容器內，放入全部的頂飾材料提供。

84 冬天的農園蔬菜千層派巧克力餅

【材料】

〈巧克力餅10片分〉

無鹽奶油…50g　鹽…少許
有機糖…100g　全蛋…1個　低筋麵粉…80g
巧克力片…80g　核桃…40g
香草精…3滴　泡打粉…3g　鹽…少許

〈蔬菜克林姆〉

芋頭…30g　紫芋…30g　南瓜…30g
鮮奶油…150cc　有機糖…60g
蜂蜜…20g　腰果…5g　南瓜籽…5g

〈蜜煮牛蒡〉

牛蒡…10g　有機糖…30g

〈裝飾用〉

水果乾　香葉芹

【作法】

〈巧克力餅〉

①在常溫回軟的奶油中加入少許的鹽、有機糖、全蛋混合均勻。
②把低筋麵粉加入①中混合均勻，連剩下的材料也一起混合製作麵糰。
③把麵糰桿成圓形後，放在烤盤上，以170℃的烤箱邊觀察樣子邊烤10分鐘左右。

〈蔬菜克林姆〉

①把芋頭、紫芋、南瓜分別蒸熟後，各別擠壓過濾。
②把擠壓過的蔬菜放入各別的缽內，然後分別加入鮮奶油50g、有機糖20g攪拌成克林姆狀。在芋頭克林姆中加入腰果，在南瓜克林姆中加入南瓜籽。

〈蜜煮牛蒡〉

把牛蒡切成火柴狀，用糖去煮，然後放入170℃的烤箱中烘烤10分鐘，再灑上有機糖。

〈裝飾〉

①在巧克力餅之間夾入蔬菜克林姆。依照紫芋、芋頭、南瓜的順序疊四層的克林姆成為千層狀後，盛在盤上。
②在①的餅乾最上層盛上各種蔬菜的克林姆，點綴上香葉芹。在盤上以蜜煮牛蒡、水果乾加以裝飾，最後灑上有機糖即完成。

85 蕃薯

【材料】

蕃薯　三溫糖　無鹽奶油　蛋黃
鮮奶油　香草精　肉桂粉　蛋黃液

【作法】

①蕃薯去皮切成圓片稍微泡水後，放在盤上，蓋上打濕的廚房用紙再蓋上保鮮膜，以微波爐加熱到竹籤能穿過之軟硬度。
②把①和三溫糖放入食物調理機內攪拌，在中途加入蛋黃、鮮奶油充分混合。
③把①移到缽內，加香草精和肉桂粉，以橡皮刮刀攪拌到全體均勻地產生香味。
④把③的麵糰用2支湯匙作成橢圓形，放在鋪有烤箱紙的烤盤上。
⑤把蛋黃和水混合做成蛋黃液，用刷子塗在表面上。以200℃的烤箱烘烤到表面出現焦色。

〈裝飾〉
香草冰淇淋、發泡奶油、草莓、薄荷…各適量

【作法】

①將蛋分成蛋黃和蛋白。蛋黃是邊混合邊把白砂糖分2次加入，蛋白則是充分打發做成蛋白糖霜。

②在①的蛋黃中慢慢地加入過篩的泡打粉和低筋麵粉混合也加入蛋白混合。接著加入沙拉油和鹽、茉莉花茶、磨成細碎的茉莉花茶葉一起混合。

③把②放入戚風蛋糕模型內，以140℃的烤箱烘烤40分鐘把1人份各別盛在容器內，點綴上香草冰淇淋、發泡奶油，再以草莓和薄荷加以裝飾。

89 烏龍茶冰品

【材料】

〈烏龍茶凍2種〉
烏龍茶葉、水、明膠（用水泡軟）、白砂糖、牛奶

〈醃漬李梅〉
李梅、白砂糖、烏龍茶

〈裝飾〉
烏龍茶冰淇淋、玉米片、冷凍荔枝、枸杞、乾燥無花果

【作法】

〈烏龍茶凍2種〉

①製作烏龍茶凍。煮烏龍茶葉，加入用水泡軟的明膠，再加白砂糖，倒入模型內冷卻凝固。

②製作加牛奶的烏龍茶凍。煮烏龍茶葉，加入牛奶、用水泡軟的明膠，再加白砂糖，倒入模型內冷卻凝固。

〈醃漬李梅〉
在烏龍茶內溶解白砂糖，再放入李梅加以煮熬。

〈裝飾〉
在容器內放入2種的烏龍茶凍、烏龍茶冰淇淋，再以玉米片、荔枝、枸杞、乾燥無花果、李梅裝飾並提供。

86 加湯圓的南瓜牛奶甜湯

【材料】

南瓜、蕃薯、牛奶、三溫糖、黑豆（糖煮的）
湯圓…各適量

【作法】

①南瓜去種籽，泡水後用鋁箔紙捲起，放入200℃的烤箱內烘烤1小時後，擠壓過濾。

②蕃薯是切丁狀泡水後，放在盤上蓋上保鮮膜，以微波爐加熱到能穿過竹籤之軟硬度。

③在鍋內放入①的南瓜泥、牛奶、三溫糖、②的蕃薯、黑豆全部混合加熱，加入另外煮過的湯圓，一起盛在容器內提供。

茶、香辛料的風味

87 生薑風味的德國水果乾麵包

濃味杏仁糖塊　杏仁粉　黑砂糖、牛奶、蘭姆酒
酵母、牛奶、低筋麵粉、高筋麵粉、黑砂糖、肉桂
薑粉、鹽、蛋黃、溶化奶油
薑皮、葡萄乾、美洲山核桃
純奶油、砂糖・糖粉（以1：1的比例混合）

【作法】

①把杏仁粉烘烤過，和濃味杏仁糖塊、黑砂糖、牛奶、蘭姆酒混合均勻。

②在弄散的酵母中加入牛奶溶化，約15分鐘使其發酵。

③在攪拌盆內混合低筋麵粉、高筋麵粉、黑砂糖、肉桂、薑粉，再加入②的酵母。

④在③中加鹽、蛋黃、溶化奶油混合均勻，最後加入薑皮葡萄乾、美洲山核桃約10分鐘使其發酵。

⑤把④的麵糰做成如德國水果麵包般的形狀。把①的濃味杏仁糖塊壓成棒狀，放在麵糰中，再以180℃的烤箱烘烤40~50分鐘。

⑥烤好後，趁熱讓裝飾用的純奶油能充分滲入麵糰內，而灑上大量的砂糖・糖粉，如此作業反覆進行2~3次。

88 茉莉花茶的戚風蛋糕

【材料（12人份）】

蛋…5個分　白砂糖…120g
泡打粉…12g　低筋麵粉…120g
沙拉油…80cc　鹽…2g
茉莉花茶（煮濃一些）…5cc
茉莉花茶葉（放入缽內磨碎）…5g

新感覺の創作甜點

登場的19家人氣名店

natural kitchen D'epice　關內店

經營：(株)Butz Delicatessen
住址：神奈川縣橫浜市中区南仲通1—13　R.K.Plaza關內1F
TEL：045—224—6823
HP：http：//www.takara-butz.co.jp
營業時間、公休日：【平日】
午餐　11時30分～15時（L.O.14時）
晚餐　17時30分～22時30分（L.O.21時30分）
【六日例假日】
午餐　11時30分～15時30分（L.O.14時30分）
下午茶　14時30分～17時
晚餐　17時～22時（L.O.21時）
（星期一公休，遇例假日改第二天休息）
客單價：白天1360日圓　晚上4000日圓

名店介紹

所使用的蔬菜以無農藥為主，堅持提供安全性和季節性的菜單和甜點。以健康又華麗的料理而大獲好評，不僅深受OL或主婦等的女性的喜愛，連單身男性顧客也很多。也設有露台席，可攜帶寵物同行。

Real Tokyo Dining Waza　銀座店

經營：(株)Dinacc
住址：東京都中央区銀座2—4—12　Minamoto Ginza2　7F
TEL：03—5524—5965
營業時間、公休日：午餐　11時30分～15時（L.O.14時30分）
晚餐　17時～23時30分（L.O.22時30分）
全年無休（除夕和新年外）
客單價：白天1500日圓　晚上5500日圓

名店介紹

提供使用產地明確的素材，具備很多可提引出多彩多姿的蔬菜之魅力的食譜之「蔬菜餐廳」。以午餐的蔬菜家常菜之自助餐而獲得鄰近上班的女性顧客的青睞。店內59坪・70席，以充滿臨場感的設計空間為魅力。1天聚集約150~180人。

JIM THOMPSON'S Table Thailand

經營：(株)MuPlanning & Operators
住址：東京都中央区銀座2—2—14　銀座Marronniergate10F
TEL：03—5524—1610
營業時間、公休日：午餐　11時～15時（L.O.14時）
咖啡　16時～17時30分
晚餐　17時30分～23時（L.O.22時）
不定期公休（和Marronniergate大廈相同）
客單價：白天1800日圓　晚上4500日圓

名店介紹

堅持使用新鮮的魚貝類和健康等的各種食材來提供正統的泰國料理。以別緻時髦的盛盤法之展現為其魅力。店內天天因女性顧客而人聲鼎沸。1天聚集約250~270人之多。

東京Barbari

經營：(株)SHANTI OF LIFE CORPORATION
住址：東京都中央区京橋3—7—9
TEL：03—5524—1338
營業時間、公休日：平日11時30分～13時30分　18時～22時30分
星期六 18時～21時30分
星期日、例假日公休
客單價：5000~6000日圓

名店介紹

提供具有個性化的親子丼和採用西餐之手法的創作料理。使用全國各地產地直銷的食材，也採用許多珍奇的素材。獲得鄰近的上班族和OL顧客的青睞，1天聚集約120~150人之多。

Restaurant'59Cinquante-Neuf

經營：(株)J企画
住址：東京都中央区銀座3丁目9—5　伊勢半大廈B 1F
TEL：03—3545—1795
營業時間、公休日：午餐　11時30分～15時（L.O.14時）
晚餐　17時30分～21時30分（L.O.21時）
宵夜　21時～23時30分（L.O.22時30分）
日、例假日公休
客單價：白天2500日圓　晚上10000日圓

名店介紹

以平易近人的「法國米飯」為概念，也活用日本特有的食材可品嘗到各自所特有的個性和特徵的法國米飯。店內21坪．24席，營造出時髦又穩重的空間。

炭烤 Dining　团十郎　沖浜店

經營：(有)J.Y.S.
住址：徳島縣徳島市沖浜3丁目68
TEL：088—656—6256
營業時間、公休日：平 日　16時～24時（L.O.23時30分）
日、例假日　12時～24時（L.O.23時30分）
全年無休
客單價：5000日圓

名店介紹

以具備多種充滿創作性和嬉遊心的單品料理，連酒類也豐富多樣的炭烤燒肉餐廳。燒肉菜單是提供豐盛感十足的一大塊肉，雖位於郊外，但天天因當地客而門庭若市。

銀座　SOBAKURA

經營：(株)Natural Door
住址：東京都中央区銀座8—2—15
TEL：03—3289—3001
營業時間、公休日：午餐　11時～14時30分（L.O.14時）
晚餐　17時～23時30分（L.O.22時45分）
星期日公休
客單價：白天1000日圓　晚上4000日圓

名店介紹

可從長野的安雲野產、信濃町產、飯綱町產中挑選自己想吃的蕎麥麵之餐廳。具備多種單品料理或酒類，晚上是以招牌黑輪人氣最高，深獲鄰近的上班族、OL顧客之好評。

黑豬和燒酒的店　Suki Zuki

經營：(株)Thanks Corporation
住址：東京都新宿区新宿3—28—7　Keystone大廈2F
TEL：03—3359—2071
營業時間、公休日：一～六　17時～24時
日、例假日　15時～23時
全年無休
客單價：4300日圓

名店介紹

使用包括了六白黑豬和從全國各地採購而來的有機蔬菜等令人安心的食材，提供以和食為班底的創作菜單。甜點也是使用從有機栽培的甘蔗中不加以精製所提煉出的有機糖等。

韓國串燒和鐵板廚房　Kenaly

經營：(株)Chickin Soup Company
住址：東京都中央区銀座5—11—13　New東京大廈B 1F
TEL：03—6226—0630
營業時間、公休日：【一～六】
午餐　11時30分～15時（L.O.14時30分）
晚餐　17時30分～24時30分（L.O.23時30分）
【日、節日】
午餐　11時30分～15時（L.O.14時30分）
晚餐　17時30分～23時30分（L.O.22時30分）
全年無休
客單價：白天(平日)1000日圓（六、日、例假日)1500日圓　晚上5000~6000日圓

名店介紹

透過食物來追求女性的「美」和「健康」，並以鐵板燒提供獨創性的韓國料理之人氣名店。午餐是採取自助餐模式，提供採納許多蔬菜的健康韓國料理。店內48坪、76席，鄰近的OL顧客天天高朋滿座。

Torihime Orientalremix　池袋

經營：Sinwaox(株)
住址：東京都豐島区東池袋1—1—2　高村大廈7F
TEL：03—5960—7188
營業時間、公休日：17時～23時30分（L.O.23時）全年無休
客單價：3200日圓

名店介紹

提供以雞肉料理為主的創作料理之居酒屋。無論店內或菜單均採用亞洲風格，吸引不少年輕女性顧客之青睞。甜點類每2個月就會舉辦促銷會，以訴求季節感。

Antiaging Restaurant「麻布十八番」

經營：(株)Senior Communication
住址：東京都港区麻布十番2—7—5　IPSE麻布十番1F
TEL：03—5443—5757
HP：http：//18ban.stage007.com/
營業時間、公休日：【一～六】午餐　12時～15時（L.O.14時）
晚餐　18時～23時30分（L.O.22時30分）
【星期日公休、但可包場】
客單價：白天2800日圓　晚上9000日圓

名店介紹

以「把身體所需的營養素，以美味又有趣的方式提供」為概念。提供以講究營養均衡和烹調法的獨創菜單，除了午餐和晚餐的套餐之外，還具備各種的甜點、飲料類。以30歲的女性粉絲為主要顧客，回客率也高居不下。

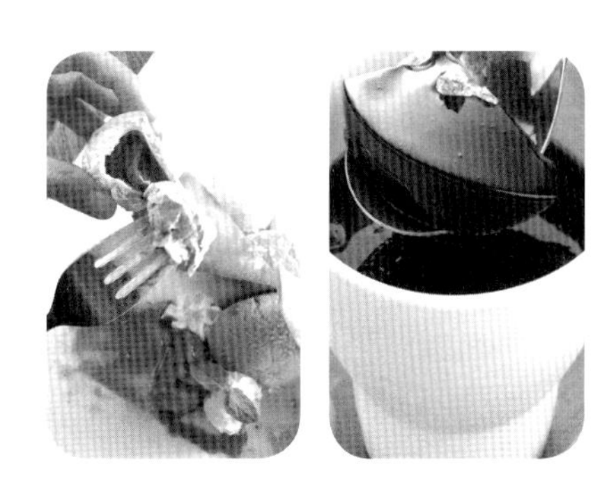

VIETNAMESE CYCLO　六本木

經營：(株)Create Restaurant
住址：東京都港区六本木6—6—9　Pyrami Building 1F
TEL：03—3478—4964
營業時間、公休日：午餐　【一～五】11時30分～15時(L.O.14時30分)
【六、日、例假日】12時～15時(L.O.14時30分)
晚餐　【一～三】18時～23時30分(L.O.22時30分)
【四～六】18時～24時(L.O.23時)
【日】17時～22時30分(L.O.21時30分)
全年無休
客單價：5000日圓

名店介紹

堅持當地的風味，並提供使用多種新鮮的魚貝類和香草類等作成的越南料理。對注重健康的女性顧客也推崇備至。店內也設有露台席，營造出宛如越南休閒地般的開放空間。

Bistro　Verite　涉谷

經營：（株）阿維爾林克
住址：東京都涉谷区涉谷3—27—5
TEL：03—5466—2564
營業時間、公休日：平日、　17時30分~23時30分（L.O.22時30分）
日、例假日　16時30分~22時（L.O.21時）
星期三公休
客單價：5000日圓

名店介紹

提供了按照菜單中以備長炭烘烤嚴選肉類和法國產一貽貝(淡菜)等的豪邁料理。料理中的每一道都是分量感十足，可多人分享之模式而人氣頗高。還具備在他處也看不到的多種葡萄酒和啤酒的種類，因此回客率也很高。

Le Chinoisclub　惠比寿 Garden Place

經營：Unimat Calavan(株)
住址：東京都涉谷区惠比壽 4—20—4
惠比壽Garden Place　Grass Square大廈 1F
TEL：03—5447—1688
營業時間、公休日：11時～21時（L.O.20時30分）全年無休
客單價：白天1000日圓　晚上2000日圓

名店介紹

以「醫食同源」為概念而提供了可輕鬆地品嘗越南麵類和甜點等的各國料理，同時採納了亞洲甜點而作出既美味又有益身體的甜點也非常豐富。還備有多種類的中國茶。

POSITIVE DELI

經營：(有)Positive Food
住址：東京都港区台場1—7—1　Mediasu 3F
TEL：03—3599—4551
HP：http：//www.positivefood.com/
營業時間、公休日：11時~23時(L.O.22時) 六：11時~淩晨4時(L.O.3時)
全年無休
客單價：白天1200日圓　晚上2500日圓

名店介紹

餐廳中有部分是使用大洋洲的熱帶水果「鳳梨番釋迦」從澳洲來的大自然素材。由於明亮寬敞，從店內可眺望到台場的彩虹橋，在此進餐更饒富樂趣，而大力推廣「積極開朗」的飲食生活模式。

Natural Chinese Restaurant ESSENCE

住址：東京都港区南青山3—8—2　Sanbridge 青山1F
TEL：03—6805—3905
營業時間、公休日：午餐　11時～17時
晚餐　17時～23時(L.O.22時30分)
全年無休
客單價：白天1200日圓　晚上5000日圓

名店介紹

提供了以國際藥膳烹調師的主廚所具備之藥膳概念對身體有益的中華料理。甜點類也採納藥膳食材，不僅可期待美容效果且美味可口，深得女性顧客之青睞。

Suna

經營：(有)Contemporary Planning Center
住址：東京都港区南青山3—8—3　青山OG大廈B 1F
TEL：03—3423—1233
營業時間、公休日：二～五　11時30分～15時
18時～24時
六、日、例假日　11時30分～24時
星期一公休
客單價：白天1050日圓　晚上4000～5000日圓

名店介紹

備有採納摩洛哥和西班牙等地中海各國風味的創作料理之葡萄酒居酒屋。以「酒足飯飽之後才會想吃的甜點」為主，提供了具有季節感的甜點。

魅惑創作　Canon

經營：(有)Thirty Two
住址：神奈川縣橫浜市西区南幸2—7—8　銀座屋大廈3F
TEL：045—324—0666
營業時間、公休日：17時～淩晨5時
全年無休
客單價：3800日圓

名店介紹

以法國菜、義大利菜為基本，加上構想的創作料理，在和風的空間中來提供的Dining Bar。連女性顧客最喜愛的甜點也大費周章，因為採納餐廳特有的盛盤法和嬉遊心的甜點也獲佳評如潮。

SQUARE MEALS Minamoto

經營：(有)五十
住址：東京都中央区銀座5—9—17　銀座Azuma大廈B 1F
TEL：03—3289—3712
營業時間：一～五　11時30分~14時（L.O.13時45分）
18時~23時（L.O.22時30分）
六、只有晚上營業　日、例假日公休
客單價：4500日圓

名店介紹

雖然是以健康為概念，但是卻也堅持美味，提供日西融合的創作料理，還備有在酒足飯飽後百吃不膩，可清爽地結束且有益身體的甜點。